JN026862

経済学部生のための数学

―― 高校数学から偏微分まで ――

小杉　のぶ子【著】

コロナ社

ま　え　が　き

経済学を学ぶ上で数学は不可欠ですが，経済学部に進学した学生の中には，数学に対して苦手意識を持っている方々も少なからずいます．また，しばらく数学から離れていたという学生もおり，高校で学んだ内容を忘れてしまっていることも多々あります．

入門レベルの理論経済学の講義で用いられる数学のうち，最も重要なのは微分ですが，高校数学で習う関数や方程式，数列や確率の知識なども必要となります．

本書は，著者が中央大学経済学部で 1 年生を対象に数学科目を教える中で，最低限必要と感じた数学の内容を 1 冊にまとめたものです．高校数学の内容についても詳しく説明しましたので，中学校で学んだ知識があれば，経済学部で必要となる基礎的な数学を理解できるようになっています．

全体の構成は次のとおりです．

- 第 1 章では，高校で学ぶ内容から，方程式，不等式，1 次関数，2 次関数，指数関数，対数関数，分数関数，無理関数など，経済学で必要となる方程式と関数の知識を抽出してまとめました．
- 第 2 章では，等差数列，等比数列，数列の和などの基礎的な知識から始まり，経済学で欠かせない無限等比級数や漸化式についても説明しています．
- 第 3 章では，1 変数関数の微分の基本的な考え方を扱います．経済学では最適化問題の解法に微分を用いますが，その際に必要となる数学の基礎的な知識について説明します．なお，本章の 3.2 節，3.3 節を読めば，高校で習う整式の微分とその応用について理解できるようになっています．そして 3.4 節以降が，多くの学生にとって大学で学ぶ新しい内容となっています．
- 第 4 章では，多変数関数の微分（偏微分）を扱います．偏微分について理解し，極値問題を解けるようになることを目標としています．

・第 5 章では，離散的な値をとる確率変数，ならびにその期待値と分散について扱っています．ここでは，基本的な確率の考え方や性質について説明しており，さらに進んだ内容については付録で扱っています．

・最後に付録として，集合や場合の数の概念，1 変数関数の積分と連続的な値をとる確率変数，ならびに代表的な確率分布について，簡単に紹介しています．これらについては，必要に応じて参照する形で活用してください．

第 1 章から第 5 章のうち，第 3 章と第 4 章はこの順番で学ぶ必要がありますが，それ以外の章についてはそれぞれ独立していますので，章の順序を気にせずに読むことが可能です．大学入学前に身につけた数学の知識に応じて，必要な箇所を学んでいけるようになっています．

なお，数学的に難しい内容を扱っている節には，$\ast$ 印をつけてあります．これらは適宜，飛ばす形で読み進めても構いません．

本書では，定理の簡単な証明なども載せていますが，それらを全部理解できなくても問題ありません．公式や定理などについては四角い枠で囲ってありますので，枠内で述べられている内容や式について理解してもらえれば十分です．また，例や例題も多く載せ，演習問題（問の略解はコロナ社書籍ページ https://www.coronasha.co.jp/np/isbn/9784339061284/に掲載）も設けています．自分で問題を解くことで理解が深まるので，ぜひ挑戦してほしいと思います．

各章末ではコーヒーブレイクとして，本書で学ぶ数学が実際の経済学の分野でどのように用いられているのかについて取り上げています．読者が数学を学ぶ上での動機づけとなれば嬉しく思います．

最後に，刊行にあたってお世話になったコロナ社の方々，ならびにさまざまな形で執筆を支えてくださった皆様に，心より御礼申し上げます．

2023 年 8 月

小杉のぶ子

目　　　　次

1. 関数と方程式

2. 数　　　列

3. 1変数関数の微分

4. 多変数関数の微分

5. 確　　率

付 録

ギリシャ文字表

大文字	小文字	読み方	大文字	小文字	読み方
A	α	アルファ	N	ν	ニュー
B	β	ベータ	Ξ	ξ	クサイ，グザイ
Γ	γ	ガンマ	O	o	オミクロン
Δ	δ	デルタ	Π	π	パイ
E	ε	イプシロン	P	ρ	ロー
Z	ζ	ゼータ	Σ	σ	シグマ
H	η	イータ	T	τ	タウ
Θ	θ	シータ	Υ	υ	ウプシロン
I	ι	イオタ	Φ	ϕ, φ	ファイ
K	κ	カッパ	X	χ	カイ
Λ	λ	ラムダ	Ψ	ψ	プサイ
M	μ	ミュー	Ω	ω	オメガ

実数の分類

・自然数は　　$1,\ 2,\ 3,\ \cdots$

・整数は　　$\cdots,\ -2,\ -1,\ 0,\ 1,\ 2,\ \cdots$

であった．

有理数は，分数 $\dfrac{m}{n}$（$m,\ n$ は整数で $n \neq 0$）で表される数である．$n = 1$ のとき，$\dfrac{m}{n} = m$ となり，整数を表す．

有理数は整数以外に，$\dfrac{1}{2},\ -\dfrac{1}{3},\ \dfrac{5}{4}$ などを含む．

無理数とは，有理数でない数のことをいう．すなわち，分数の形で表すことのできない数であり，循環しない無限小数で表される．

無理数には，$\sqrt{2},\ -\sqrt{3},\ \pi$ などがある．

実数とは，有理数と無理数を合わせたものである．

実数と有理数，無理数，整数，自然数の関係は図のようになる．

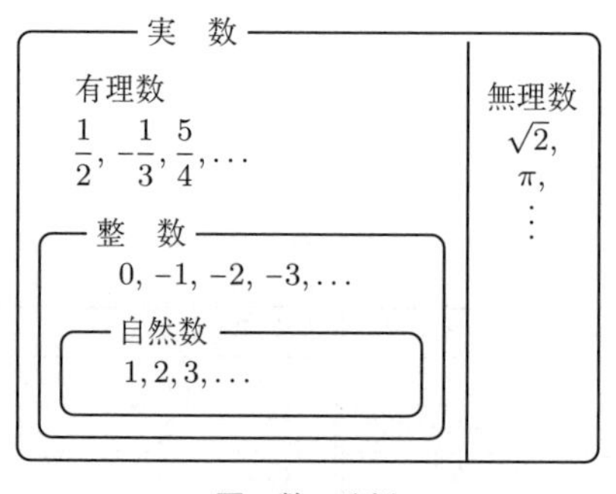

図　数の分類

一般に，実数を $\mathbb{R}$，有理数を $\mathbb{Q}$，整数を $\mathbb{Z}$，自然数を $\mathbb{N}$ で表す．例えば，x が実数であるとき，$x \in \mathbb{R}$ と書く（集合に属することを表す記号「$\in$」については，付録 p.184 参照）．

1章　関数と方程式

1.1　整式の計算

いくつかの数と文字の積で表される式を**単項式**という．掛け合わされている文字の個数を単項式の**次数**といい，数の部分を係数という．特定の文字に着目し，ほかの文字を数と同じように考えることもある．

例えば，単項式 $-2x^3y$ の次数は 4，係数は -2 であるが，文字 x に着目したとき，この単項式の次数は 3，係数は $-2y$ である．

$x^3 - 2xy + 1$ のように，いくつかの単項式の和として表される式を**多項式**といい，各単項式をこの多項式の項という．

単項式と多項式をあわせて**整式**という†．整式の各項の次数のうち最も大きいものをその整式の次数という．例えば，$x^3 - 2xy + 1$ の次数は 3 である．次数が n の整式を n 次式という．整式の項の中で，文字を含まない項を定数項という．

任意の整式 A, B, C について，以下の法則が成り立つ．

・**交換法則**：$A + B = B + A, \qquad AB = BA$

・**結合法則**：$(A + B) + C = A + (B + C), \qquad (AB)C = A(BC)$

・**分配法則**：$A(B + C) = AB + AC, \qquad (A + B)C = AC + BC$

1.1.1　指数法則

a をいくつか掛けたものを a の**累乗**という．正の整数 n に対して

---

† 「多項式」と「整式」を同じ意味で用いることも多い．

$$a^n = \underbrace{a \times a \times \cdots \times a}_{n\text{個}}$$

を a の n 乗という．このとき，n を a^n の**指数**という．指数 n は負の整数，有理数などにも拡張できるが，詳しくは 1.8 節で述べる．

指数法則

m, n は正の整数とする．

(i) $a^m a^n = a^{m+n}$　　(ii) $(a^m)^n = a^{mn}$　　(iii) $(ab)^n = a^n b^n$

(iv) $\left(\dfrac{a}{b}\right)^n = \dfrac{a^n}{b^n}$　　(v) $a^m \div a^n = \begin{cases} a^{m-n} & (m > n) \\ 1 & (m = n) \\ \dfrac{1}{a^{n-m}} & (m < n) \end{cases}$

例題 1.1　次の式を計算せよ．

(1) $a^3 \cdot a^2$　　(2) $(-a^3)^2$　　(3) $x^3 \div x^4$　　(4) $\left(\dfrac{3b^2c}{2a}\right)^3$

(5) $(-2ab^2)^3 \times 3a^2b \div a^5$

【解答】

(1) $a^3 \cdot a^2 = a^{3+2} = a^5$

(2) $(-a^3)^2 = (-1)^2 a^6 = a^6$

(3) $x^3 \div x^4 = \dfrac{x^3}{x^4} = \dfrac{1}{x^{4-3}} = \dfrac{1}{x}$

(4) $\left(\dfrac{3b^2c}{2a}\right)^3 = \dfrac{3^3b^6c^3}{2^3a^3} = \dfrac{27b^6c^3}{8a^3}$

(5) $(-2ab^2)^3 \times 3a^2b \div a^5 = \dfrac{-8a^3b^6 \times 3a^2b}{a^5} = \dfrac{-24a^5b^7}{a^5} = -24b^7$　◇

1.1.2　展開と因数分解

整式の積を分配法則等を用いて単項式の和に表すことを展開という．逆に，1 つの整式を 2 つ以上の整式の積の形に表すことを因数分解という．

2 次式の展開と因数分解

(ⅰ) $(a+b)^2 = a^2+2ab+b^2, \quad (a-b)^2 = a^2-2ab+b^2$

(ⅱ) $(a+b)(a-b) = a^2-b^2$

(ⅲ) $(x+a)(x+b) = x^2+(a+b)x+ab$

(ⅳ) $(ax+b)(cx+d) = acx^2+(ad+bc)x+bd$

上記の定理で，左辺から右辺を導くことが展開，右辺から左辺を導くことが因数分解である．

例題 1.2　次の式を展開せよ．

(1) $(3x+2)(4x-1)$　　(2) $(x+y-z)(x-y+z)$

【解答】

(1) $(3x+2)(4x-1) = 12x^2+\{3\cdot(-1)+2\cdot 4\}x-2 = 12x^2+5x-2$

(2) $(x+y-z)(x-y+z) = \{x+(y-z)\}\{x-(y-z)\}$

$= x^2-(y-z)^2 = x^2-y^2-z^2+2yz$ ◇

問 1.　次の式を展開せよ．

(1) $(5x-3)^2$　　(2) $(2x-3y)(2x+3y)$

(3) $(x-2)(x+6)$　　(4) $(3x-2)(2x+3)$

(5) $(4x-3)(5x-1)$　　(6) $(x-1)(x^2+2x+1)$

(7) $(a-b+4)^2$　　(8) $(a+b)^2(a-b)^2$

例題 1.3　次の式を因数分解せよ．

(1) $9x^2-30xy+25y^2$　　(2) $3x^2+x-14$

【解答】

(1) $9x^2-30xy+25y^2 = (3x)^2-2\cdot 3x\cdot 5y+(5y)^2 = (3x-5y)^2$

(2) 公式　$(ax+b)(cx+d) = acx^2+(ad+bc)x+bd$

を利用し，$ac=3$，$ad+bc=1$，$bd=-14$ となる a，b，c，d をみつける．

$a=1$，$c=3$ として，$bd=-14$ となる場合を考えると，$b=-2$，$d=7$ のときに

$ad+bc=1$ となることがわかる．これより $3x^2+x-14=(x-2)(3x+7)$ ◇

問 2. 次の式を因数分解せよ．

(1) x^2+7x　(2) x^2-36

(3) $x^2+7x-18$　(4) $4x^2-5x+1$

(5) $6x^2+11x-10$　(6) x^3-2x^2-8x

(7) $3x^2+10x+8$　(8) $5x^2+4x-9$

(9) $4x^2-(x+1)^2$　(10) $4x^2+12xy+9y^2$

(11) $xy+x+y+1$　(12) $2x^3y-8xy^3$

3 次式の展開の公式と因数分解の公式は以下のとおりである．

3 次式の展開と因数分解

(i)
$$(a+b)^3 = a^3+3a^2b+3ab^2+b^3$$
$$(a-b)^3 = a^3-3a^2b+3ab^2-b^3$$

(ii)
$$(a+b)(a^2-ab+b^2) = a^3+b^3$$
$$(a-b)(a^2+ab+b^2) = a^3-b^3$$

例題 1.4　次の式を展開せよ．

(1) $(4a+b)^3$　(2) $(3x-2)(9x^2+6x+4)$

【解答】

(1) $(4a+b)^3=(4a)^3+3\cdot(4a)^2\cdot b+3\cdot 4a\cdot b^2+b^3=64a^3+48a^2b+12ab^2+b^3$

(2) $(3x-2)(9x^2+6x+4)=(3x)^3-2^3=27x^3-8$ ◇

問 3. 次の式を展開せよ．

(1) $(x+4)^3$　(2) $(5a-2b)^3$

(3) $(x+3y)(x^2-3xy+9y^2)$　(4) $(4a-3b)(16a^2+12ab+9b^2)$

例題 1.5　次の式を因数分解せよ．

(1) $8a^3-125b^3$　(2) $x^3+3x^2y+3xy^2+y^3-1$

【解答】

(1) $8a^3 - 125b^3 = (2a)^3 - (5b)^3 = (2a - 5b)(4a^2 + 10ab + 25b^2)$

(2) $x^3 + 3x^2y + 3xy^2 + y^3 - 1$

$$= (x+y)^3 - 1^3 = \{(x+y) - 1\}\{(x+y)^2 + (x+y) + 1\}$$
$$= (x + y - 1)(x^2 + y^2 + 2xy + x + y + 1)$$

◇

問 4. 次の式を因数分解せよ.

(1) $a^3 + 6a^2b + 12ab^2 + 8b^3$　(2) $x^3 - 216y^3$

(3) $27a^3 - 54a^2 + 36a - 8$　(4) $2x^3 + 54y^3$

1.2 分数式と無理式

1.2.1 分　数　式

A が整式で, B が定数でない整式のとき, $\dfrac{A}{B}$ の形の式を分数式という.

分数式では, 分子と分母をその共通因数で割ることを約分するという. また, それ以上約分できない分数式を既約分数式という.

分数式の四則演算は分数と同様に行い, 結果は既約分数式または整式の形にしておく.

$$\frac{A}{B} \times \frac{C}{D} = \frac{AC}{BD}, \qquad \frac{A}{B} \div \frac{C}{D} = \frac{A}{B} \times \frac{D}{C} = \frac{AD}{BC}$$

分母が異なる分数式の加法と減法は, 通分してから計算する.

例題 1.6 次の分数式を簡単にせよ.

(1) $\dfrac{3}{x^2 + 2x} - \dfrac{2}{x^2 - x}$　(2) $\dfrac{x^2 + x - 2}{x^2 - 9} \div \dfrac{x^2 + 4x + 4}{x^2 + 3x}$　(3) $\dfrac{1 - \dfrac{1}{x}}{1 - \dfrac{1}{x^2}}$

【解答】

(1) $$\frac{3}{x^2 + 2x} - \frac{2}{x^2 - x} = \frac{3}{x(x+2)} - \frac{2}{x(x-1)} = \frac{3(x-1) - 2(x+2)}{x(x+2)(x-1)}$$
$$= \frac{3x - 3 - 2x - 4}{x(x+2)(x-1)} = \frac{x - 7}{x(x+2)(x-1)}$$

(2) $$\frac{x^2+x-2}{x^2-9} \div \frac{x^2+4x+4}{x^2+3x} = \frac{x^2+x-2}{x^2-9} \times \frac{x^2+3x}{x^2+4x+4}$$

$$= \frac{(x-1)(x+2)}{(x+3)(x-3)} \times \frac{x(x+3)}{(x+2)^2} = \frac{x(x-1)}{(x-3)(x+2)}$$

(3) $$\frac{1-\dfrac{1}{x}}{1-\dfrac{1}{x^2}} = \left(1-\frac{1}{x}\right) \div \left(1-\frac{1}{x^2}\right) = \frac{x-1}{x} \div \frac{x^2-1}{x^2}$$

$$= \frac{x-1}{x} \times \frac{x^2}{(x+1)(x-1)} = \frac{x}{x+1}$$

◇

問 5.　次の分数式を簡単にせよ.

(1) $\dfrac{x+y}{x-y} \times \dfrac{xy^2-x^2y}{x^3+y^3}$　　(2) $\dfrac{x^2-3x-4}{x^2-x} \times \dfrac{x-1}{x^2-16}$

(3) $\dfrac{x^2+9x+20}{x^2+5x-14} \div \dfrac{x^2-16}{x^2-4x+4}$　　(4) $\dfrac{4}{x-1} - \dfrac{3}{x+2}$

(5) $\dfrac{4}{x^2+2x-3} - \dfrac{3}{x^2+3x}$　　(6) $\dfrac{1}{x^2-x} + \dfrac{1}{x^2+x} + \dfrac{1}{x^2+3x+2}$

(7) $\dfrac{2+\dfrac{1}{x-3}}{1-\dfrac{3}{x+2}}$　　(8) $\dfrac{1+\dfrac{1}{x}+\dfrac{1}{x^2}}{x-\dfrac{1}{x^2}}$

1.2.2 無　理　式

2 乗すると a になる数を a の**平方根**という. 正の数 a の平方根は正と負の 2 つあり, それぞれ $\sqrt{a}$, $-\sqrt{a}$ で表す. 記号 $\sqrt{}$ を根号という†. なお, 0 の平方根は $\sqrt{0}=0$ と定める.

根号内に文字が含まれる式を**無理式**という. 無理式の計算では, 平方根の性質を用いる.

平方根の性質と計算

【平方根の性質】

・$a \geqq 0$ のとき,　$(\sqrt{a})^2 = (-\sqrt{a})^2 = a$,　$\sqrt{a} \geqq 0$

・実数 a について,　$\sqrt{a^2} = |a| = \begin{cases} a & (a \geqq 0) \\ -a & (a < 0) \end{cases}$

† $\sqrt{a}$ を「ルート a」と読む.

ここで，$|a|$ は a の絶対値を表す．

・a，b が正の数で $a < b$ ならば，　$\sqrt{a} < \sqrt{b}$

【平方根の計算公式】

$a > 0$，$b > 0$，$k > 0$ のとき

(i) $\sqrt{a}\sqrt{b} = \sqrt{ab}$　(ii) $\dfrac{\sqrt{a}}{\sqrt{b}} = \sqrt{\dfrac{a}{b}}$　(iii) $\sqrt{k^2 a} = k\sqrt{a}$

例題 1.7　次の式を計算せよ．

(1) $\dfrac{\sqrt{24}}{\sqrt{2}}$　(2) $(2\sqrt{2}+\sqrt{5})(3\sqrt{2}-2\sqrt{5})$

【解答】

(1) $\dfrac{\sqrt{24}}{\sqrt{2}} = \sqrt{\dfrac{24}{2}} = \sqrt{12} = \sqrt{2^2 \cdot 3} = 2\sqrt{3}$

(2) $(2\sqrt{2}+\sqrt{5})(3\sqrt{2}-2\sqrt{5})$

$= 2\sqrt{2}\cdot 3\sqrt{2} - 2\sqrt{2}\cdot 2\sqrt{5} + \sqrt{5}\cdot 3\sqrt{2} - \sqrt{5}\cdot 2\sqrt{5}$

$= 6\cdot 2 - 4\sqrt{10} + 3\sqrt{10} - 2\cdot 5 = 2 - \sqrt{10}$　◇

問 6.　次の式を計算せよ．

(1) $\sqrt{10}\sqrt{15}$　(2) $\dfrac{\sqrt{280}}{\sqrt{7}}$

(3) $2\sqrt{63}+\sqrt{28}-\sqrt{175}$　(4) $(3+2\sqrt{2})(3-2\sqrt{2})$

(5) $(\sqrt{6}-3\sqrt{2})^2$　(6) $(\sqrt{10}+\sqrt{2})(2\sqrt{10}-3\sqrt{2})$

(7) $(\sqrt{2}+1)^3$　(8) $(2-\sqrt{3})^3$

分母に根号を含む式を変形して，分母に根号を含まない式にすることを，分母を**有理化**するという †．

例題 1.8　次の式の分母を有理化せよ．

(1) $\dfrac{10-\sqrt{5}}{\sqrt{5}}$　(2) $\dfrac{3\sqrt{7}-\sqrt{3}}{\sqrt{7}+\sqrt{3}}$

---

† 数列や関数の極限を考える際，分子を有理化することがある．

【解答】

(1) $\dfrac{10-\sqrt{5}}{\sqrt{5}} = \dfrac{\sqrt{5}\,(10-\sqrt{5})}{\sqrt{5}\cdot\sqrt{5}} = \dfrac{10\sqrt{5}-5}{5} = 2\sqrt{5}-1$

(2) $(a+b)(a-b)=a^2-b^2$ を用いて分母を有理化する.

$$\frac{3\sqrt{7}-\sqrt{3}}{\sqrt{7}+\sqrt{3}} = \frac{(3\sqrt{7}-\sqrt{3})(\sqrt{7}-\sqrt{3})}{(\sqrt{7}+\sqrt{3})(\sqrt{7}-\sqrt{3})} = \frac{24-4\sqrt{21}}{4} = 6-\sqrt{21} \qquad \diamond$$

問 7. 次の式を，分母を有理化して計算せよ.

(1) $\dfrac{6}{\sqrt{2}}$　(2) $\dfrac{\sqrt{6}}{2-\sqrt{3}}$　(3) $\dfrac{3\sqrt{5}+\sqrt{3}}{\sqrt{5}-\sqrt{3}}$　(4) $\dfrac{\sqrt{3}+2}{\sqrt{3}-2}$

(5) $\dfrac{\sqrt{5}}{\sqrt{3}-1}-\dfrac{\sqrt{3}}{\sqrt{5}+\sqrt{3}}$　(6) $\dfrac{\sqrt{7}+1}{\sqrt{7}-\sqrt{3}}-\dfrac{\sqrt{7}-1}{\sqrt{7}+\sqrt{3}}$

例題 1.9　次の式を簡単にせよ.

$$\frac{1}{\sqrt{x^2+1}-x}-\sqrt{x^2+1}$$

【解答】

$$\frac{1}{\sqrt{x^2+1}-x}-\sqrt{x^2+1} = \frac{\sqrt{x^2+1}+x}{(\sqrt{x^2+1}-x)(\sqrt{x^2+1}+x)}-\sqrt{x^2+1}$$
$$= \frac{\sqrt{x^2+1}+x}{(x^2+1)-x^2}-\sqrt{x^2+1} = x \qquad \diamond$$

問 8. 次の式を簡単にせよ.

(1) $\dfrac{\sqrt{x+1}-\sqrt{x-1}}{\sqrt{x+1}+\sqrt{x-1}}$　(2) $\dfrac{\sqrt{x}-1}{\sqrt{x}+1}-\dfrac{\sqrt{x}+1}{\sqrt{x}-1}$

1.3　1次方程式と1次不等式

1.3.1　1 次 方 程 式

未知数を表す文字を含む等式を方程式と呼ぶ. x の整式 $P(x)$ が n 次式のとき，方程式 $P(x)=0$ を x の n 次方程式という.

a，b を定数とするとき，x の 1 次方程式は　$ax+b=0$　$(a \neq 0)$　の形で書ける. これを解くには，等式の性質を用いる.

等式の性質

$A = B$ ならば

$$A + C = B + C, \qquad A - C = B - C$$

$$AC = BC, \qquad \frac{A}{C} = \frac{B}{C} \qquad (C \neq 0)$$

例題 1.10　方程式　$2\sqrt{2}x + 3 = 3x + 4\sqrt{2}$　の解を求めよ.

【解答】　移項すると　$(2\sqrt{2} - 3)\,x = 4\sqrt{2} - 3$

$$x = \frac{4\sqrt{2} - 3}{2\sqrt{2} - 3} = \frac{(4\sqrt{2} - 3)(2\sqrt{2} + 3)}{(2\sqrt{2} - 3)(2\sqrt{2} + 3)} = \frac{7 + 6\sqrt{2}}{-1} = -7 - 6\sqrt{2}$$ ◇

問 9.　次の方程式を解け.

(1) $\dfrac{2}{5}x - \dfrac{1}{3} = \dfrac{1}{2}x - \dfrac{1}{4}$　　(2) $\sqrt{5}x + \sqrt{3} = -\sqrt{3}x + \sqrt{5}$

1.3.2　連 立 方 程 式

未知数を表す文字を n 個含んだ 1 次方程式を n 元 1 次方程式という．例えば，$2x - 3y - 1 = 0$ は 2 元 1 次方程式である．また，2 つ以上の方程式の組を連立方程式といい，連立方程式を同時に満たす未知数の値を求めることを連立方程式を解くという.

例題 1.11　次の連立方程式を解け.

(1) $\begin{cases} x + 3y = -3 & \cdots ① \\ -2x + y = 20 & \cdots ② \end{cases}$　　(2) $\begin{cases} x + 2y + z = 8 & \cdots ① \\ x + y + z = 6 & \cdots ② \\ -2x + y + 3z = -1 & \cdots ③ \end{cases}$

【解答】

(1) ①$\times 2 +$② より $y = 2$，これを ① に代入して $x = -9$

以上より $x = -9$，$y = 2$

(2) ② + ① × (−1) より $-y=-2$ 　⋯④

③ + ① × 2 より $5y+5z=15$ 　⋯⑤

④ より $y=2$，これを ⑤ に代入して $z=1$，これらを ① に代入して $x=3$

以上より $x=3$，$y=2$，$z=1$ ◇

問 10. 次の連立方程式を解け．

(1) $\begin{cases} x+4y=-4 \\ \dfrac{x}{4}+\dfrac{y}{2}=1 \end{cases}$　(2) $\begin{cases} 0.3x-0.3y=0.1 \\ \dfrac{3}{5}x+y=\dfrac{13}{5} \end{cases}$

(3) $\begin{cases} x+y+z=-1 \\ 2x+y-3z=5 \\ 3x+2y+5z=-3 \end{cases}$　(4) $\begin{cases} x+3y-z=4 \\ 2x-5y+9z=-14 \\ 3x+2y-2z=7 \end{cases}$

1.3.3 1 次 不 等 式

x の満たすべき条件を表した不等式を，x についての不等式という．x についての不等式において，不等式を成り立たせる x の範囲を解という．不等式のすべての解を求めることを，不等式を解くという．

不等式の性質

(i) $A<B$ ならば，$A+C<B+C$，$A-C<B-C$

(ii) $A<B$，$C>0$ ならば，$AC<BC$，$\dfrac{A}{C}<\dfrac{B}{C}$

(iii) $A<B$，$C<0$ ならば，$AC>BC$，$\dfrac{A}{C}>\dfrac{B}{C}$

例題 1.12 次の不等式を解け．

(1) $\dfrac{x-3}{4}+1<\dfrac{2x+1}{3}$　(2) $\sqrt{5}x-1 \leqq 2x$

【解答】

(1) 両辺に 12 を掛けると　$3(x-3)+12<4(2x+1)$

展開すると　$3x - 9 + 12 < 8x + 4$

移項すると　$-5x < 1$ となるので，これより，$x > -\dfrac{1}{5}$

(2) 移項すると　$(\sqrt{5} - 2)\,x \leqq 1$

$\sqrt{5} > 2$ より $\sqrt{5} - 2 > 0$

よって，両辺を $\sqrt{5} - 2$ で割ると

$$x \leqq \frac{1}{\sqrt{5} - 2} = \frac{\sqrt{5} + 2}{(\sqrt{5} - 2)(\sqrt{5} + 2)} = \sqrt{5} + 2$$

◇

問 11.　次の不等式を解け.

(1) $3(x + 2) - 2(x - 2) < 5x - 2$　　(2) $4(3x + 2) - 2(x + 5) \leqq 7(x - 2)$

(3) $\dfrac{3x + 1}{4} - \dfrac{2x - 5}{6} > 1$　　(4) $\dfrac{x + 1}{2} - \dfrac{4x + 1}{5} \geqq \dfrac{3(2x - 3)}{10}$

(5) $2x \leqq \sqrt{3}x - 1$　　(6) $2\sqrt{2}(x - 1) < 3(x - \sqrt{2})$

1.3.4　連立不等式

2つ以上の不等式を組み合わせたものを連立不等式といい，それらの不等式の解に共通する範囲を，連立不等式の解という.

例題 1.13　次の連立不等式を解け.

$$\begin{cases} 6x - 1 \geqq 3x - 7 & \cdots ① \\ x + 4 > 3(x + 1) & \cdots ② \end{cases}$$

【解答】　① より　$3x \geqq -6$，よって　$x \geqq -2$　… ③

② より　$-2x > -1$，よって　$x < \dfrac{1}{2}$　… ④

図 1.1 のように ③ と ④ の共通範囲を求めて　　$-2 \leqq x < \dfrac{1}{2}$

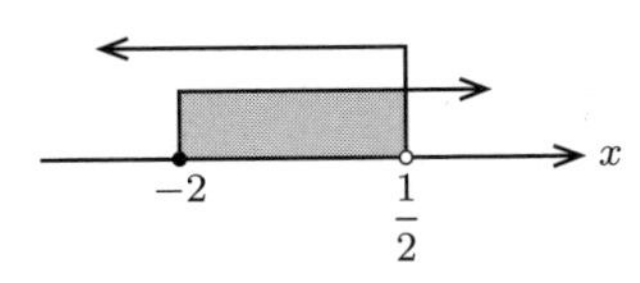

図 1.1　連立不等式の解

◇

問 12. 次の連立不等式を解け．

(1) $\begin{cases} 2x-7<5x+8 \\ 8x+1 \leqq 4x-7 \end{cases}$　(2) $\begin{cases} 3(x-5)>5-2x \\ 4x-5<3(2x-3) \end{cases}$

(3) $\begin{cases} \dfrac{3x-8}{4} < \dfrac{x-5}{2}-1 \\ 2x+5 \leqq 0 \end{cases}$　(4) $\begin{cases} \dfrac{2}{3}x+1 > \dfrac{2-x}{2} \\ x-5>3x+4 \end{cases}$

(5) $\begin{cases} 2.5\,(7-x)-5\,(1.8-x) \geqq 2x \\ 0.3\,(x-2)>x-0.6 \end{cases}$　(6) $\begin{cases} \dfrac{x-2}{3} \geqq \dfrac{x-1}{5} \\ \sqrt{3}x-1>2(\sqrt{2}x-3) \end{cases}$

(7) $8(x+2)<5x+1 \leqq 3(x-4)$　(8) $-6x+2<2x+1 \leqq 4x+9$

問 13. 次の設問に答えよ．なお，消費税は考えないものとする．

(1) ある店では入会金 600 円を払って会員になると，その店の品物を 7 % 引きで買うことができる．1 個 500 円の品物を買うとき，何個以上買うと，入会して買った方が，入会しないで買うより安くなるか．

(2) ある店では商品に原価の 30% の利益を見込んで定価をつける．定価から 300 円安くして売っても，原価の 15% 以上 20% 以下の利益が得られるとき，原価の範囲を求めよ．

1.4　2 次 方 程 式

1.4.1　2 次方程式の解の公式

a，b，c は実数の定数とする $(a \neq 0)$．このとき

$$ax^2+bx+c = 0 \tag{1.1}$$

を x についての 2 次方程式という．

いま，式 (1.1) の左辺を因数分解して

$$ax^2+bx+c = a\,(x-\alpha)(x-\beta) = 0$$

となるとき，方程式 (1.1) の解は $x=\alpha$，$x=\beta$ である．

2 次方程式　$ax^2+bx+c=0$　の解の公式を求めるために，次のように変形

する.

$$ax^2 + bx + c = a\left(x^2 + \frac{b}{a}x\right) + c$$
$$= a\left\{\left(x + \frac{b}{2a}\right)^2 - \left(\frac{b}{2a}\right)^2\right\} + c$$
$$= a\left(x + \frac{b}{2a}\right)^2 - \frac{b^2}{4a} + c$$
$$= a\left(x + \frac{b}{2a}\right)^2 - \frac{b^2 - 4ac}{4a} = 0 \tag{1.2}$$

これより

$$\left(x + \frac{b}{2a}\right)^2 = \frac{b^2 - 4ac}{4a^2}$$
$$x + \frac{b}{2a} = \pm\frac{\sqrt{b^2 - 4ac}}{2a}$$

2 次方程式の解の公式

2 次方程式 $ax^2 + bx + c = 0$ の解は

$$x = \frac{-b \pm \sqrt{b^2 - 4ac}}{2a}$$

例題 1.14 次の 2 次方程式を解け.

$$2x^2 - 5x + 1 = 0$$

【解答】 2 次方程式の解の公式を用いて

$$x = \frac{-(-5) \pm \sqrt{(-5)^2 - 4 \cdot 2 \cdot 1}}{2 \cdot 2} = \frac{5 \pm \sqrt{17}}{4}$$ ◇

問 14. 次の 2 次方程式を解け.

(1) $6x^2 - 5x - 4 = 0$ (2) $10x^2 - 7x + 1 = 0$

(3) $-4x^2 + 4x - 1 = 0$ (4) $\sqrt{3}x^2 + x = 0$

(5) $x^2 - \frac{4}{3}x + \frac{1}{3} = 0$ (6) $\frac{(x-5)(x+7)}{4} = 25 - x$

(7) $x^2 - 6x + 2 = 0$ (8) $x^2 - 3x - 1 = 0$

(9) $\frac{1}{2}x^2 + \frac{1}{3}x - \frac{1}{3} = 0$　(10) $4x^2 - 2x - 3 = 0$

(11) $2x^2 + \sqrt{3}x - 3 = 0$　(12) $x^2 + \sqrt{5}x + 1 = 0$

1.4.2　2 次方程式の解の種類の判別

2 次方程式 $ax^2 + bx + c = 0$ において，$b^2 - 4ac$ を判別式といい，D で表す．

2 次方程式の解の公式

$$x = \frac{-b \pm \sqrt{b^2 - 4ac}}{2a}$$

より，2 次方程式の実数解と判別式 D の符号について，次のことが成り立つ．

2 次方程式の実数解と判別式

2 次方程式　$ax^2 + bx + c = 0$　の解の種類と判別式　$D = b^2 - 4ac$　の関係は以下のとおり．

$D > 0 \iff$ 異なる 2 つの実数解をもつ

$D = 0 \iff$ ただ 1 つの実数解（重解）をもつ

$D < 0 \iff$ 実数解をもたない

$D < 0$ の場合，すなわち 2 次方程式が実数解をもたない場合について考える．ここで，複素数を定義する．

2 乗すると -1 になる数を考え，これを i で表す．すなわち，$i^2 = -1$ とする．この i を虚数単位という．

a, b を実数とするとき，$a + bi$ の形の数を**複素数**といい，a を実部，b を虚部という．虚部が 0 である複素数 $a + 0i$ は，実数 a を表す．

$b \neq 0$ である複素数 $a + bi$ を**虚数**という．

$a > 0$ のとき，$\sqrt{-a} = \sqrt{a}\,i$ と定める．特に，$\sqrt{-1} = i$ である．

2 次方程式　$ax^2 + bx + c = 0$　は判別式 $D = b^2 - 4ac < 0$ のとき，実数解はもたず，2 つの異なる虚数解をもつ．

以上より，2 次方程式は，複素数の範囲でつねに解をもつ．

例題 1.15　次の 2 次方程式を解け.

$$x^2 + x + 2 = 0$$

【解答】 2 次方程式の解の公式を用いて

$$x = \frac{-1 \pm \sqrt{1^2 - 4 \cdot 1 \cdot 2}}{2} = \frac{-1 \pm \sqrt{-7}}{2} = \frac{-1 \pm \sqrt{7}i}{2}$$ ◇

問 15.　次の 2 次方程式を解け.

(1) $x^2 + 2 = 0$　　(2) $x^2 - 4x + 5 = 0$

1.5 高次方程式

1.5.1 整式の割り算と剰余の定理

整式の割り算は，割る式と割られる式を次数の高い順に整理して，整数の割り算と同様の手順で商と余りを求める.

$A(x)$，$B(x)$ を x についての整式とし，$A(x)$ を $B(x)$ で割った商を $Q(x)$，余りを $R(x)$ とすると

$$A(x) = B(x)Q(x) + R(x)$$

と表すことができる．ここで，$R(x)$ の次数 < $B(x)$ の次数となる．特に，$A(x)$ を 1 次式で割ったときの余りは定数となる.

例題 1.16　$A(x)$ を $B(x)$ で割った商と余りを計算せよ.

(1) $A(x) = 2x^3 + 9x^2 + 4x - 5$,　$B(x) = x^2 + 3x - 1$

(2) $A(x) = x^3 - 6x + 3$,　$B(x) = x + 2$

【解答】

(1) 最高次数に着目して計算する.

$$
\begin{array}{r l}
 & 2x + 3 \\
x^2 + 3x - 1 \,\big) & 2x^3 + 9x^2 + 4x - 5 \\
 & \underline{2x^3 + 6x^2 - 2x} \qquad \leftarrow B(x) \times 2x \\
 & 3x^2 + 6x - 5 \\
 & \underline{3x^2 + 9x - 3} \qquad \leftarrow B(x) \times 3 \\
 & - 3x - 2
\end{array}
$$

上の計算より，商は $2x+3$，余りは $-3x-2$

(2) 割られる式や割る式で，ある次数の項がないときは，その場所を空けて計算する．

$$
\begin{array}{r l}
 & x^2 - 2x - 2 \\
x + 2 \,\big) & x^3 \qquad\quad - 6x + 3 \\
 & \underline{x^3 + 2x^2} \qquad\qquad \leftarrow B(x) \times x^2 \\
 & \quad - 2x^2 - 6x + 3 \\
 & \quad \underline{- 2x^2 - 4x} \qquad \leftarrow B(x) \times (-2x) \\
 & \qquad\qquad - 2x + 3 \\
 & \qquad\qquad \underline{- 2x - 4} \quad \leftarrow B(x) \times (-2) \\
 & \qquad\qquad\qquad 7
\end{array}
$$

上の計算より，商は x^2-2x-2，余りは 7 ◊

問 16. $A(x)$ を $B(x)$ で割った商と余りを計算せよ．

(1) $A(x) = x^3+3x^2+x-6, \quad B(x) = x^2+2x-3$

(2) $A(x) = 4x^3+7x+3, \quad B(x) = 2x-3$

整式 $P(x)$ を $x-\alpha$ で割ったときの商を $Q(x)$，余りを R とすると

$$P(x) = (x-\alpha)Q(x)+R \qquad (R\text{ は定数})$$

と表せるので，両辺の x に α を代入すれば

$$P(\alpha) = (\alpha-\alpha)Q(\alpha)+R = R$$

が成り立つ．

一般に，整式 $P(x)$ を 1 次式 $ax+b$ で割ったときの商を $Q(x)$，余りを R とすると

$$P(x) = (ax+b)Q(x)+R$$

と表されるので

$$P\left(-\frac{b}{a}\right) = \left\{a\cdot\left(-\frac{b}{a}\right)+b\right\}Q\left(-\frac{b}{a}\right)+R = R$$

となる．以上は剰余の定理と呼ばれる．

剰余の定理

(i) x についての整式 $P(x)$ を 1 次式 $x-\alpha$ で割ったときの余りは $P(\alpha)$ となる.

(ii) x についての整式 $P(x)$ を 1 次式 $ax+b$ で割ったときの余りは $P\left(-\frac{b}{a}\right)$ となる.

1.5.2 因 数 定 理

整式 $P(x)$ が $x-\alpha$ で割り切れるとき，余りは 0 であり，剰余の定理より $P(\alpha)=0$ が成り立つ．このとき

$$P(x) = (x-\alpha)Q(x)$$

の形に表され，$(x-\alpha)$ と $Q(x)$ は $P(x)$ の因数である.

整式 $P(x)$ が 1 次式 $ax+b$ を因数にもつ場合についても，以下の因数定理が成り立つ.

因数定理

(i) 1 次式 $x-\alpha$ が整式 $P(x)$ の因数である $\iff$ $P(\alpha)=0$

(ii) 1 次式 $ax+b$ が整式 $P(x)$ の因数である $\iff$ $P\left(-\frac{b}{a}\right)=0$

1.5.3 高次方程式の解法

3 次以上の方程式を高次方程式という.

高次方程式 $P(x)=0$ は，$P(x)$ が 2 次以下の整式の積に因数分解できるときには，簡単に解ける.

例題 1.17 3 次方程式 $x^3+4x^2-8=0$ を解け.

【解答】 $P(x)=x^3+4x^2-8$ とすると

$$P(-2)=(-2)^3+4(-2)^2-8=0$$

因数定理より，$P(x)$ は $x+2$ を因数にもち

$$P(x)=(x+2)(x^2+2x-4)$$ と因数分解できる.

$P(x)=0$ となるのは，$x+2=0$ または $x^2+2x-4=0$ のときである．
したがって　$x=-2,\quad -1\pm\sqrt{5}$ ◇

問 17.　次の方程式を解け．

(1) $x^3+4x^2+x-6=0$　(2) $x^3+2x^2-5x-6=0$
(3) $x^3-6x^2+9x-2=0$　(4) $x^3+x^2+2x-4=0$
(5) $3x^3-8x^2+1=0$　(6) $4x^3-12x^2+5x+6=0$
(7) $x^4+x^3-9x^2+x+10=0$　(8) $x^4-2x^2+3x-2=0$

1.6　1 次関数と直線の方程式

1.6.1　関数とグラフ

2 つの変数 x と y があって，x の値を 1 つ定めると y の値が 1 つ定まるとき，y は x の関数であるという．一般に，y が x の関数であるとき，$y=f(x)$ と表す．また，この関数を単に関数 $f(x)$ ともいう．$y=f(x)$ において，x を**独立変数**，y を**従属変数**という．

関数 $y=f(x)$ の $x=a$ における値を $f(a)$ と書く．

例えば，$y=f(x)=2x-1$ について

$$f(3)=2\cdot 3-1=5,\qquad f(-1)=2\cdot(-1)-1=-3$$

となる．

関数 $y=f(x)$ において，変数 x のとる値の範囲を**定義域**，x の値に対して y のとる値の範囲を**値域**という．

例えば，関数 $y=2x-1$ において，定義域が $-1\leqq x\leqq 3$ であるとき，値域は $-3\leqq y\leqq 5$ となる．

関数の値域に最大の値があるとき，これをこの関数の**最大値**という．また，関数の値域に最小の値があるとき，これをこの関数の**最小値**という．上の例で挙げた関数 $y=2x-1$ $(-1\leqq x\leqq 3)$ は，$x=3$ で最大値 5，$x=-1$ で最小値 -3 をとる．

なお，特に断らない限り，関数 $y=f(x)$ の定義域は $f(x)$ の値が定まるような実数 x の全体とする．

関数 $y=f(x)$ が与えられたとき，関係 $y=f(x)$ を満たすような点 (x,y) 全

体で作られる図形を，関数 $y=f(x)$ のグラフという．点 (a,b) が $y=f(x)$ のグラフ上にあることは，関係 $b=f(a)$ が成り立つことと同じである．

1.6.2　1　次　関　数

y が x の 1 次式で表される関数であるとき，すなわち，x，y が

$$y = mx + n \qquad (m,\ n \text{ は定数で } m \neq 0)$$

という関係式で表されるとき，y は x の 1 次関数であるという．

$y=mx+n$ のグラフは傾きが m，y 切片が n の直線になる．ここで，y 切片とは，グラフと y 軸との交点の y 座標のことをいう．同様に，グラフと x 軸との交点の x 座標を x 切片という．$y=mx+n\,(m\neq 0)$ のグラフの x 切片は $-\dfrac{n}{m}$ である．

関数 $y=f(x)$ において，x が x_1 から x_2 まで変化したとき，それに応じて y の値が y_1 から y_2 まで変化したならば

$$\frac{y \text{ の変化量}}{x \text{ の変化量}} = \frac{y_2-y_1}{x_2-x_1} = \frac{f(x_2)-f(x_1)}{x_2-x_1}$$

を変化の割合，または**平均変化率**という．この平均変化率については，3 章 3.2 節（p.74）でも扱う．

1 次関数 $y=mx+n$ の平均変化率はつねに傾き m と等しい．

例題 1.18　次の 1 次関数のグラフをかけ．

(1) $y=\dfrac{1}{2}x+1$　　(2) $y=-2x-3$

【解答】 グラフは図 **1.2**，**1.3** のようになる．

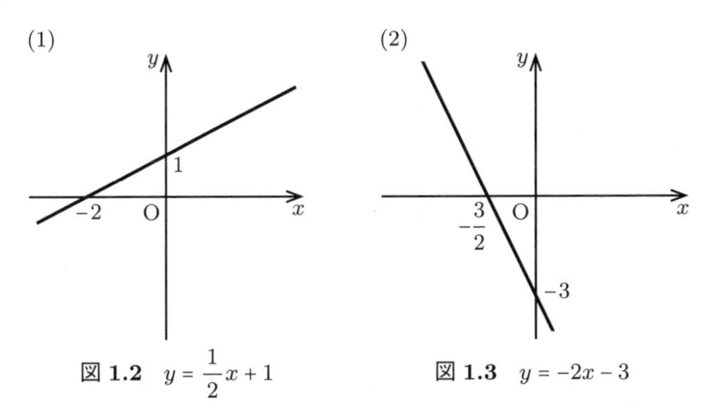

図 **1.2**　$y=\dfrac{1}{2}x+1$　　図 **1.3**　$y=-2x-3$　　◇

1.6.3 直線の方程式

x，y についての 2 元 1 次方程式

$$ax + by + c = 0$$

の解の集合を座標平面上に表したときを考える．この式は x，y の 1 次式なので，$y = mx + n$ の形に直して考えることにする．

- $a \neq 0$，$b \neq 0$ のとき

$$ax + by + c = 0 \iff y = -\frac{a}{b}x - \frac{c}{b}$$

よって，傾き $-\dfrac{a}{b}$，y 切片 $-\dfrac{c}{b}$ の直線を表す．

- $a = 0$，$b \neq 0$ のとき

$y = -\dfrac{c}{b}$ となり，y 切片が $-\dfrac{c}{b}$ で y 軸に垂直な直線を表す．

- $a \neq 0$，$b = 0$ のとき

$x = -\dfrac{c}{a}$ となり，x 切片が $-\dfrac{c}{a}$ で x 軸に垂直な直線を表す．

逆に，座標平面上のすべての直線は

$$ax + by + c = 0 \qquad (a,\ b,\ c \text{ は定数で } a \neq 0 \text{ または } b \neq 0)$$

の形の 1 次方程式で表される．

例題 1.19　次の方程式の表す直線を座標平面上にかけ．

(1) $2x + 3y = 6$　　(2) $3x + 6 = 0$　　(3) $y - 3 = 0$

【解答】　式を変形すると，(1) $y = -\dfrac{2}{3}x + 2$, (2) $x = -2$, (3) $y = 3$.

したがって，方程式の表す直線は図 **1.4**～**1.6** のとおりである．

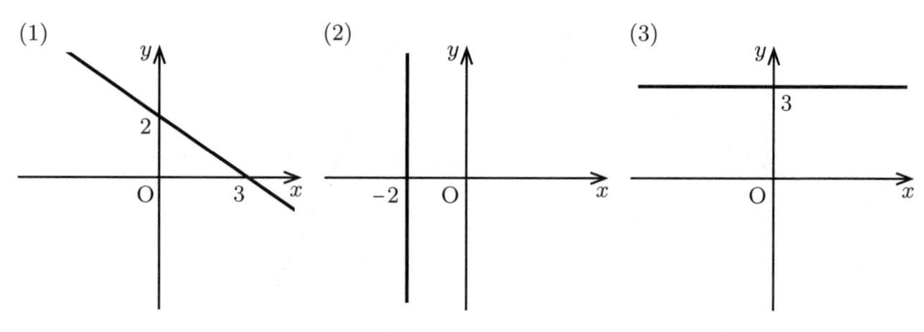

図 1.4　$2x + 3y = 6$　　**図 1.5**　$3x + 6 = 0$　　**図 1.6**　$y - 3 = 0$

◇

直線の方程式の求め方は以下のとおりである.

〔1〕 点 $\mathbf{A}(x_1, y_1)$ を通る直線 ℓ の方程式

・ 直線 ℓ の傾きが m のとき, ℓ の方程式を

$$y = mx + n \qquad \cdots ①$$

とすると, ℓ が点 A を通ることから

$$y_1 = mx_1 + n \quad \cdots ②$$

①, ②から n を消去して

$$y - y_1 = m(x - x_1)$$

・ 直線が x 軸に垂直であるとき, ℓ の方程式は

$$x = x_1$$

直線の方程式 I

点 (x_1, y_1) を通り, 傾きが m の直線の方程式は

$$y - y_1 = m(x - x_1)$$

点 (x_1, y_1) を通り, x 軸に垂直な直線の方程式は

$$x = x_1$$

〔2〕 異なる 2 点 $\mathbf{A}(x_1, y_1)$, $\mathbf{B}(x_2, y_2)$ を通る直線の方程式

・ $x_1 \neq x_2$ のとき

直線 AB の傾きを m とすると, $m = \dfrac{y_2 - y_1}{x_2 - x_1}$ である. したがって, この直線の方程式は

$$y - y_1 = \frac{y_2 - y_1}{x_2 - x_1}(x - x_1)$$

・ $x_1 = x_2$ のとき

直線 AB が, x 軸に垂直であるから, その方程式は

$$x = x_1$$

直線の方程式 II

異なる 2 点 $\mathrm{A}(x_1, y_1)$, $\mathrm{B}(x_2, y_2)$ を通る直線の方程式は

・ $x_1 \neq x_2$ のとき　$y - y_1 = \dfrac{y_2 - y_1}{x_2 - x_1}(x - x_1)$

・ $x_1 = x_2$ のとき　$x = x_1$

例題 1.20　次の直線の式を求めよ.

(1) 傾きが 2 で点 $(1, -3)$ を通る直線

(2) 2 点 $(1, 1)$, $(-2, 4)$ を通る直線

(3) y 切片が 3 で点 $(2, 5)$ を通る直線

(4) 2 点 $(-1, 2)$, $(-1, -3)$ を通る直線

【解答】

(1) 直線は $y - (-3) = 2(x - 1)$ で与えられる. これを整理して, $y = 2x - 5$

(2) 直線の傾きは $\dfrac{4-1}{-2-1} = -1$ となるので, 求める直線の式は
$y - 1 = -(x - 1)$ となる. これを整理して, $y = -x + 2$

(3) 直線の傾きを m とすると, $5 = 2m + 3$ より $m = 1$ となる.
求める直線の式は $y = x + 3$
(別解) 2 点 $(0, 3)$, $(2, 5)$ を通る直線の方程式として考えてもよい.

(4) $x = -1$ ◇

問 18.　次の直線の方程式を求めよ.

(1) 傾きが -2 で点 $(3, -4)$ を通る直線

(2) 2 点 $(-2, 5)$, $(4, -3)$ を通る直線

(3) y 切片が 9 で点 $(2, 1)$ を通る直線

(4) x 切片が 4, y 切片が -3 である直線

(5) 点 $(-5, 6)$ を通り, x 軸に平行な直線, 垂直な直線

2 直線が平行または垂直になる条件は次のとおりである.

2 直線の平行条件・垂直条件

2 直線 $y = m_1 x + n_1$, $y = m_2 x + n_2$ について

・ 2 直線が平行 $\iff$ $m_1 = m_2$

・ 2 直線が垂直 $\iff$ $m_1 m_2 = -1$

一般に，点 (x_1, y_1) を通り，直線 $ax+by+c=0$ に平行な直線，垂直な直線は，それぞれ次の方程式で表される．

平行な直線：　$a(x-x_1)+b(y-y_1)=0$

垂直な直線：　$b(x-x_1)-a(y-y_1)=0$

1.6.4　連立 1 次方程式とグラフ

座標平面上の 2 直線が，方程式

$$ax+by+c=0 \quad \cdots\cdots ①$$

$$a'x+b'y+c'=0 \quad \cdots\cdots ②$$

で与えられているとする．2 直線の共有点の座標は，① と ② を連立させた解である．この 2 直線の関係と連立方程式の解について，次のことが成り立つ．

(i) 2 直線が 1 点で交わる $\iff$ 連立方程式はただ 1 組の解をもつ

(ii) 2 直線が平行で一致しない $\iff$ 連立方程式は解をもたない（解不能）

(iii) 2 直線が一致する $\iff$ 連立方程式は無数の解をもつ（解不定）

図 1.7 は，左からそれぞれ (i)，(ii)，(iii) の場合を表している．

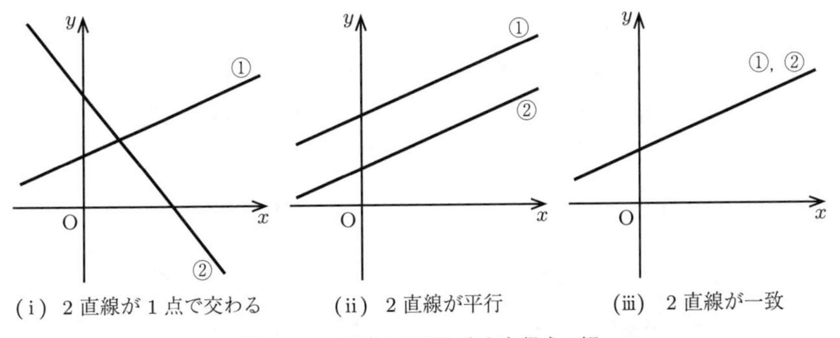

図 1.7　2 直線の関係と連立方程式の解

例題 1.21　2 直線 $4x+y-6=0$，$x-y=0$ について，以下の設問に答えよ．

(1) 2 直線の交点の座標を求めよ.

(2) 2 直線と x 軸で囲まれた図形の面積を求めよ.

【解答】 図 **1.8** 参照.

(1) 2 直線の方程式を連立させて解くと，$x=\dfrac{6}{5}$，$y=\dfrac{6}{5}$
よって交点の座標は $\left(\dfrac{6}{5},\dfrac{6}{5}\right)$

(2) 直線 $4x+y-6=0$ と x 軸の交点は $\left(\dfrac{3}{2},0\right)$
求める面積は
$\dfrac{1}{2}\cdot\dfrac{3}{2}\cdot\dfrac{6}{5}=\dfrac{9}{10}$ ◇

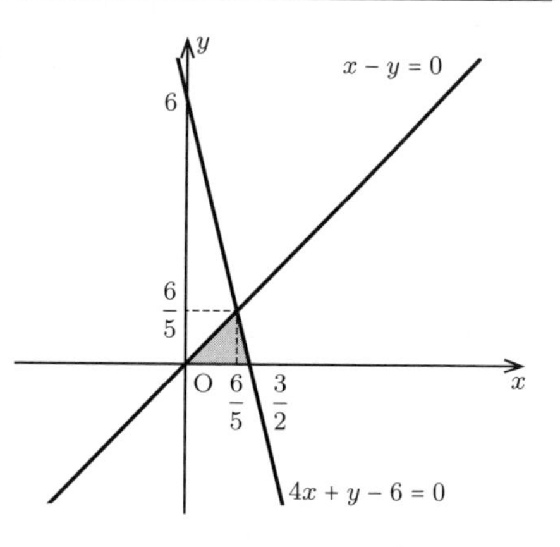

図 **1.8**　(2) の図形（グレーの部分）

1.6.5 不等式と領域

一般に，x，y についての不等式を満たす点 (x,y) 全体の集合を，その不等式の表す**領域**という.

直線 ℓ の方程式を $y=mx+n$ とする.

(i) 不等式 $y>mx+n$ の表す領域は直線 ℓ の上側の部分（境界線を含まない），不等式 $y<mx+n$ の表す領域は直線 ℓ の下側の部分（境界線を含まない）である（図 **1.9**，**1.10** 参照).

$y\geqq mx+n$，$y\leqq mx+n$ のときは，ともに境界線を含む.

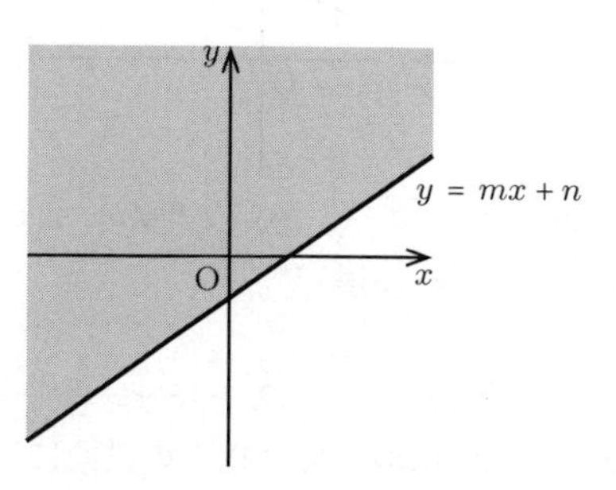

図 **1.9**　$y>mx+n$ の表す領域

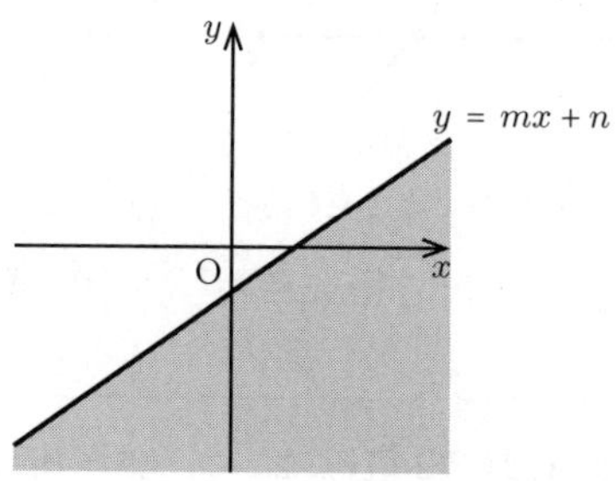

図 **1.10**　$y<mx+n$ の表す領域

(ii)　2 つ以上の不等式の表す領域は，それぞれの共通する部分となる．

例題 1.22　次の連立不等式の表す領域を図示せよ．

$$\begin{cases} y \geqq 2x-1 & \cdots ① \\ y \leqq x+1 & \cdots ② \end{cases}$$

【解答】　直線 $y = 2x - 1 \cdots ①'$ と $y = x + 1 \cdots ②'$ の交点の座標は $(2, 3)$ となる．
よって，連立不等式の表す領域は**図 1.11** のグレーの部分となる（境界線を含む）．　◇

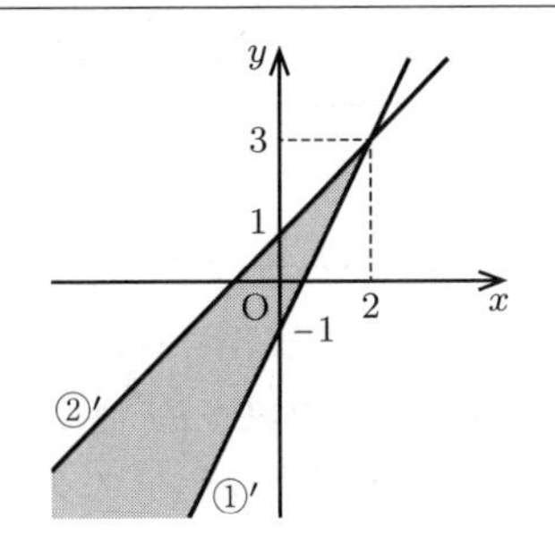

図 1.11　連立不等式の表す領域

問 19.　次の不等式の表す領域を図示せよ．

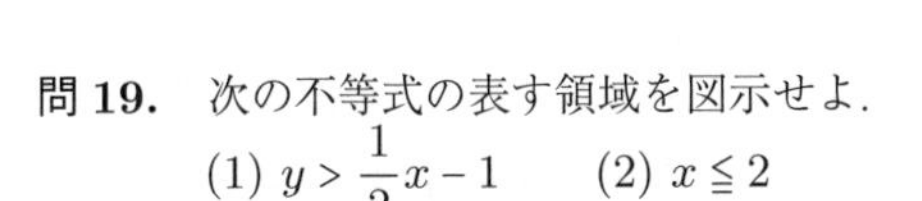

(1) $y > \dfrac{1}{2}x - 1$　　(2) $x \leqq 2$

問 20.　次の連立不等式の表す領域を図示せよ．

(1) $\begin{cases} y < 3x - 8 \\ y > x \end{cases}$　　(2) $\begin{cases} x + 2y - 3 \leqq 0 \\ x \geqq 0,\ y \geqq 0 \end{cases}$

1.7　2　次　関　数

1.7.1　2 次関数のグラフ

x，y が $y = ax^2 + bx + c$（a，b，c は定数で $a \neq 0$）という関係式で表されるとき，y は x の 2 次関数であるという．

〔1〕　$\boldsymbol{y = ax^2}$ **のグラフ**

2 次関数 $y = ax^2$ のグラフの形を**放物線**という．$y = ax^2$ のグラフは y 軸に対して対称であり，y 軸と原点で交わる．

一般に，放物線は左右対称である．その対称の軸を放物線の軸といい，軸と放物線の交点を放物線の頂点という．

2 次関数 $y = ax^2$ のグラフは，軸が y 軸で，頂点が原点の放物線である．

図 1.12，**1.13** に 2 次関数 $y = ax^2$ のグラフを示すが，その曲線の形状から $a > 0$ のとき「下に凸」，$a < 0$ のとき「上に凸」である．

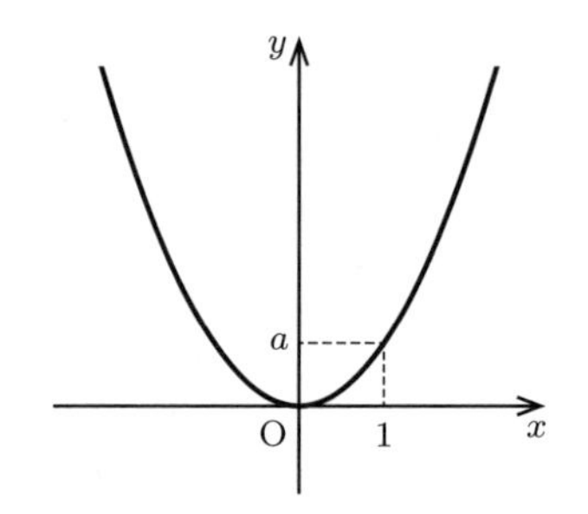

図 1.12　$y = ax^2$ のグラフ $(a > 0)$　　**図 1.13**　$y = ax^2$ のグラフ $(a < 0)$

〔2〕 $\boldsymbol{y = a(x-p)^2 + q}$ のグラフ

2 次関数 $y = ax^2 + q$ のグラフは，$y = ax^2$ のグラフを y 軸方向に q だけ平行移動した放物線であり，その軸は y 軸，頂点は点 $(0, q)$ である．

また，2 次関数 $y = a(x-p)^2$ のグラフは，$y = ax^2$ のグラフを x 軸方向に p だけ平行移動した放物線である．その軸は直線 $x = p$，頂点は点 $(p, 0)$ である．

これらから，2 次関数 $y = a(x-p)^2 + q$ のグラフは，$y = ax^2$ のグラフを x 軸方向に p，y 軸方向に q だけ平行移動した放物線である（**図 1.14** 参照）．この放物線の軸は直線 $x = p$，頂点は点 (p, q) である．

一般に，関数のグラフの平行移動については次のとおりである．

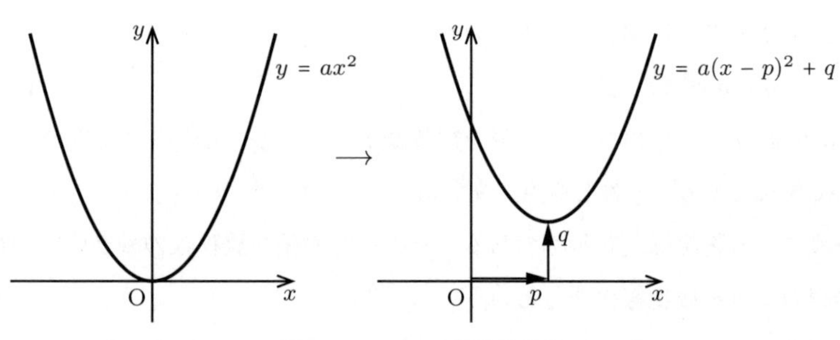

図 1.14　グラフの平行移動

グラフの平行移動

関数 $y=f(x)$ のグラフを

x 軸方向に p，y 軸方向に q

だけ平行移動すると，関数

$$y = f(x-p)+q$$

のグラフとなる．

〔3〕 $y=ax^2+bx+c$ のグラフ

例えば，2 次式 $2x^2+4x+5$ は次のように $a(x-p)^2+q$ の形に変形できる．

$$\begin{aligned} 2x^2+4x+5 &= 2(x^2+2x)+5 \\ &= 2\{(x+1)^2-1\}+5 = 2(x+1)^2+3 \end{aligned}$$

このように，2 次式 ax^2+bx+c を $a(x-p)^2+q$ の形に変形することを**平方完成**するという．

2 次式の平方完成を利用することで，2 次関数 $y=ax^2+bx+c$ のグラフをかくことができる．

$y=ax^2+bx+c$ の右辺を平方完成すると（p.13 の式 (1.2) 参照）

$$y = ax^2+bx+c = a\left(x+\frac{b}{2a}\right)^2-\frac{b^2-4ac}{4a}$$

ここで，$p=-\dfrac{b}{2a}$，$q=-\dfrac{b^2-4ac}{4a}$ とおくと，$y=ax^2+bx+c$ は $y=a(x-p)^2+q$ と表すことができる．

2 次関数のグラフ

$y=ax^2+bx+c$ のグラフは，$y=ax^2$ のグラフを平行移動した放物線で，その軸は直線 $x=-\dfrac{b}{2a}$，頂点は点 $\left(-\dfrac{b}{2a},\ -\dfrac{b^2-4ac}{4a}\right)$ である．

例題 1.23　2 次関数 $y = -2x^2 + 8x - 5$ のグラフの軸と頂点を求め，グラフの概形をかけ.

【解答】

$$
\begin{aligned}
y &= -2x^2 + 8x - 5 \\
&= -2(x^2 - 4x) - 5 \\
&= -2\{(x-2)^2 - 4\} - 5 \\
&= -2(x-2)^2 + 3
\end{aligned}
$$

よって，この関数のグラフは上に凸である放物線で，その軸は直線 $x = 2$，頂点は点 $(2, 3)$ である（**図 1.15** 参照）.　◇

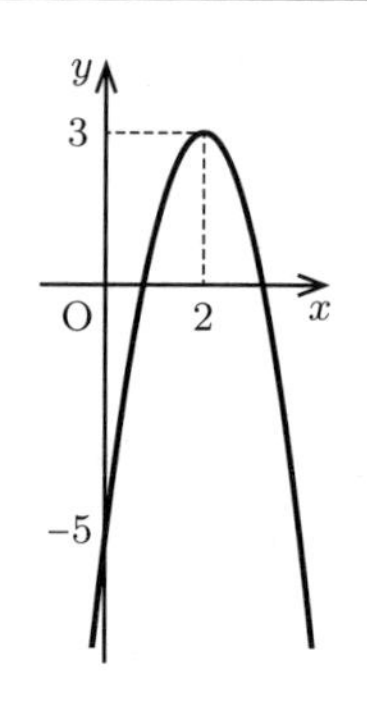

図 1.15　$y = -2x^2 + 8x - 5$ のグラフ

問 21.　次の 2 次関数のグラフの軸と頂点を求め，グラフの概形をかけ.

(1) $y = \dfrac{1}{2}x^2 - 2x + 1$　　　(2) $y = -2x^2 - 6x - 2$

1.7.2　グラフと 2 次方程式

一般に，2 次関数 $y = ax^2 + bx + c$ のグラフと x 軸が共有点をもつとき，その x 座標は 2 次方程式 $ax^2 + bx + c = 0$ の実数解である．特に，2 次関数のグラフが x 軸とただ 1 点を共有するとき，その x 座標は 2 次方程式 $ax^2 + bx + c = 0$ の重解である．このようなとき，2 次関数のグラフは x 軸に接するといい，共有点を**接点**という.

また，2 次関数 $y = ax^2 + bx + c$ のグラフと x 軸が共有点をもたないとき，2 次方程式 $ax^2 + bx + c = 0$ は実数解をもたない.

例題 1.24　次の 2 次関数について，グラフと x 軸との共有点の x 座標を求めよ.

(1) $y = x^2 - 5x + 4$　　(2) $y = x^2 + 4x + 4$　　(3) $y = x^2 - 4x + 6$

【解答】

(1) 2 次方程式 $x^2-5x+4=(x-1)(x-4)=0$ を解いて，$x=1$，4

(2) 2 次方程式 $x^2+4x+4=(x+2)^2=0$ を解いて，$x=-2$（重解）．このとき，2 次関数のグラフは x 軸に接している．

(3) 2 次方程式 $x^2-4x+6=0$ は実数解をもたない．したがって，x 軸とは共有点をもたない． ♢

1.7.3 グラフと 2 次不等式

$ax^2+bx+c>0$，　$ax^2+bx+c \leqq 0$ のように，左辺が x の 2 次式になる不等式を x についての 2 次不等式といい，2 次関数のグラフを利用して，解を求めることができる．

2 次関数 $y=ax^2+bx+c$ において，$a>0$，$D=b^2-4ac$ とする．

(i) $D>0$ のとき

$ax^2+bx+c=0$ は異なる 2 つの実数解 $x=\alpha$，β（$\alpha<\beta$）をもつので，$ax^2+bx+c=a(x-\alpha)(x-\beta)$ と書ける．このとき，$y=ax^2+bx+c$ のグラフの概形（図 **1.16**(i) 参照）から

$a(x-\alpha)(x-\beta)>0$ の解は　$x<\alpha$，$\beta<x$，

$a(x-\alpha)(x-\beta)<0$ の解は　$\alpha<x<\beta$　となる．

(ii) $D=0$ のとき

$ax^2+bx+c=0$ は重解 $x=\alpha$ をもつので，$ax^2+bx+c=a(x-\alpha)^2$ と

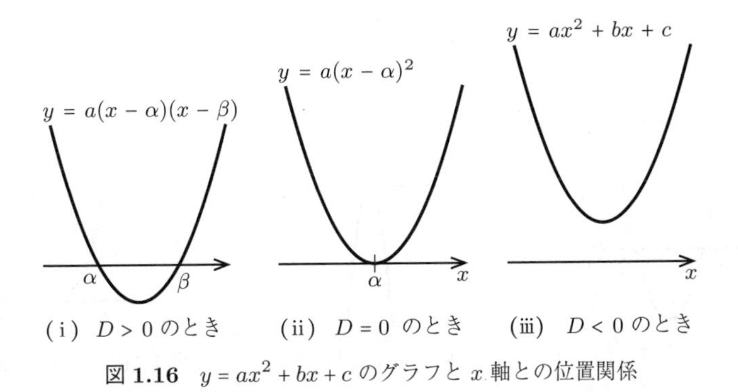

図 **1.16**　$y=ax^2+bx+c$ のグラフと x 軸との位置関係

書ける．このとき，$y = ax^2 + bx + c$ のグラフの概形（図 (ii) 参照）から

$a(x-\alpha)^2 > 0$ の解は α 以外のすべての実数，

$a(x-\alpha)^2 \geqq 0$ の解はすべての実数，

$a(x-\alpha)^2 < 0$ の解はない，

$a(x-\alpha)^2 \leqq 0$ の解は $x = \alpha$　となる．

(iii)　$D < 0$ のとき

$ax^2 + bx + c = 0$ は実数解をもたない．このとき，$y = ax^2 + bx + c$ のグラフの概形（図 (iii) 参照）から

$ax^2 + bx + c > 0$ の解はすべての実数，

$ax^2 + bx + c \leqq 0$ の解はない．

例題 1.25　次の 2 次不等式を解け．

(1) $x^2 - 2x - 3 > 0$　　(2) $-3x^2 + 12x - 12 \geqq 0$　　(3) $x^2 - 2x + 2 < 0$

【解答】

(1)　$x^2 - 2x - 3 = (x+1)(x-3)$

$y = x^2 - 2x - 3$ のグラフと x 軸との交点の x 座標は，$x = -1,\ 3$ となる（図 **1.17** 参照）．

よって，$x^2 - 2x - 3 > 0$ となる x の値の範囲は，$\underline{x < -1,\ 3 < x}$

(2)　$-3x^2 + 12x - 12 = -3(x^2 - 4x + 4) = -3(x-2)^2$

$y = -3x^2 + 12x - 12$ のグラフは上に凸であり，x 軸と点 $(2, 0)$ で接する（図 **1.18** 参照）．

よって，$-3x^2 + 12x - 12 \geqq 0$ の解は $\underline{x = 2}$

(3)　$x^2 - 2x + 2 = (x-1)^2 + 1$ より，$y = x^2 - 2x + 2$ のグラフと x 軸との共有点はない（図 **1.19** 参照）．よって，$x^2 - 2x + 2 < 0$ の解はない．

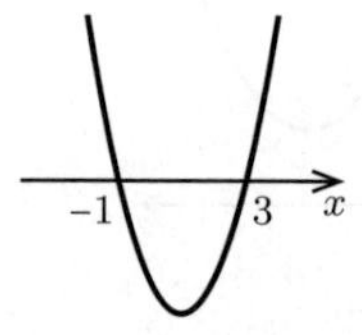

図 1.17　$y = x^2 - 2x - 3$

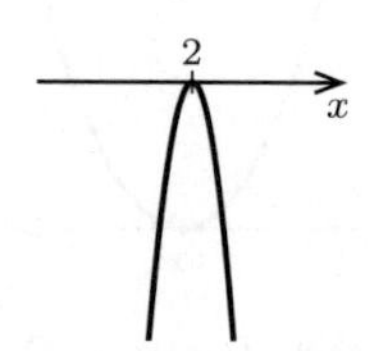

図 1.18　$y = -3x^2 + 12x - 12$

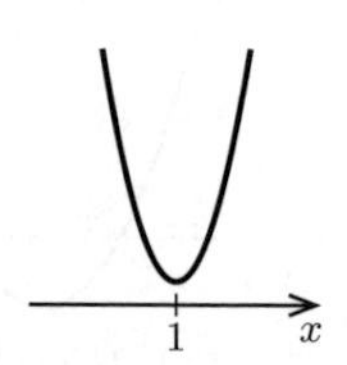

図 1.19　$y = x^2 - 2x + 2$

◇

問 22. 次の 2 次不等式を解け.

(1) $x^2 + 3x - 4 < 0$　　(2) $x^2 + 5x + 6 \geqq 0$

(3) $x^2 > 4$　　(4) $2x^2 + x - 6 \leqq 0$

(5) $-x^2 + 3x + 10 > 0$　　(6) $-2x^2 + 3x + 2 < 0$

(7) $2x^2 + 2x - 1 > 0$　　(8) $-x^2 + 3x + 2 \geqq 0$

(9) $x^2 + 2x + 3 \leqq 0$　　(10) $3x^2 - 4x - 1 > 0$

(11) $x^2 + x + 1 \geqq 0$　　(12) $4x^2 - 20x + 25 \leqq 0$

1.8 指　数　関　数

1.8.1 累　乗　根

a を実数, n を 2 以上の整数とする. n 乗すると a になる数, すなわち $x^n = a$ となる数 x を, a の n 乗根という. 2 乗根, 3 乗根, … を総称して a の**累乗根**という.

例 1.1　$3^4 = (-3)^4 = 81$ より, ± 3 は 81 の 4 乗根

$(-2)^5 = -32$ より, -2 は -32 の 5 乗根

正の数 a に対して, $x^n = a$ をみたす正の数 x がただ 1 つ定まる. これを $\sqrt[n]{a}$ で表す.

【注意】 $\sqrt[2]{a}$ は $\sqrt{a}$ と略記する. また, $\sqrt[n]{0} = 0$ である.

累乗根の性質

$a > 0$, $b > 0$ で, n, m, p が正の整数であるとき, 次が成り立つ.

(i) $(\sqrt[n]{a})^n = a$　　(ii) $\sqrt[n]{a}\,\sqrt[n]{b} = \sqrt[n]{ab}$　　(iii) $\dfrac{\sqrt[n]{a}}{\sqrt[n]{b}} = \sqrt[n]{\dfrac{a}{b}}$

(iv) $(\sqrt[n]{a})^m = \sqrt[n]{a^m}$　　(v) $\sqrt[m]{\sqrt[n]{a}} = \sqrt[mn]{a}$　　(vi) $\sqrt[n]{a^m} = \sqrt[np]{a^{mp}}$

例題 1.26 次の式を簡単にせよ.

(1) $\sqrt[4]{2}\sqrt[4]{8}$　(2) $\sqrt[3]{\sqrt{729}}$　(3) $\sqrt[6]{27}$

(4) $(\sqrt[4]{5}-\sqrt[4]{7})(\sqrt[4]{5}+\sqrt[4]{7})(\sqrt{5}+\sqrt{7})$

【解答】

(1) $\sqrt[4]{2}\sqrt[4]{8}=\sqrt[4]{2^4}=2$

(2) $\sqrt[3]{\sqrt{729}}=\sqrt[3]{\sqrt{3^6}}=\sqrt[6]{3^6}=3$

(3) $\sqrt[6]{27}=\sqrt[6]{3^3}=\sqrt[2]{3}=\sqrt{3}$

(4) $(\sqrt[4]{5}-\sqrt[4]{7})(\sqrt[4]{5}+\sqrt[4]{7})(\sqrt{5}+\sqrt{7})$

$=\{(\sqrt[4]{5})^2-(\sqrt[4]{7})^2\}(\sqrt{5}+\sqrt{7})$

$=(\sqrt{5}-\sqrt{7})(\sqrt{5}+\sqrt{7})=(\sqrt{5})^2-(\sqrt{7})^2=-2$ ◇

問 23. 次の式を簡単にせよ.

(1) $\sqrt[3]{13^6}$　(2) $\sqrt[3]{\dfrac{1}{8}}$　(3) $\sqrt[6]{8^8}$　(4) $\sqrt[6]{4^3}$

(5) $\sqrt[5]{0.00032}$　(6) $\sqrt[4]{81^5}$　(7) $\sqrt[5]{128}\sqrt[5]{8}$　(8) $\dfrac{\sqrt[3]{54}}{\sqrt[3]{16}}$

(9) $\sqrt[3]{343^2}$　(10) $\sqrt[3]{6}\sqrt[3]{12}\sqrt[3]{15}$　(11) $\sqrt{\sqrt[3]{64}}$　(12) $\sqrt[8]{16}$

(13) $(\sqrt[3]{5}-\sqrt[3]{2})(\sqrt[3]{25}+\sqrt[3]{10}+\sqrt[3]{4})$

(14) $(\sqrt[4]{6}-\sqrt[4]{7})(\sqrt[4]{6}+\sqrt[4]{7})(\sqrt{6}+\sqrt{7})$

1.8.2 指数の拡張

1.1.1 項では指数が正の整数の場合の計算法則，1.2.2 項では平方根の計算法則，1.8.1 項では累乗根の計算法則を扱った．有理数を指数とする累乗を以下のように定めることで，指数法則を拡張できる．

指数の拡張

$a \neq 0$ で，n が正の整数のとき

$$a^0 = 1, \qquad a^{-n} = \frac{1}{a^n}$$

$a > 0$ で，m, n が正の整数のとき

$$a^{\frac{m}{n}} = \sqrt[n]{a^m}, \qquad a^{-\frac{m}{n}} = \frac{1}{\sqrt[n]{a^m}}$$

と定める．

指数法則の拡張

$a>0, b>0$ と有理数 p, q に対し，次が成り立つ．

(i) $a^p a^q = a^{p+q}, \qquad \dfrac{a^p}{a^q} = a^{p-q}$

(ii) $(a^p)^q = a^{pq}$

(iii) $(ab)^p = a^p b^p, \qquad \left(\dfrac{a}{b}\right)^p = \dfrac{a^p}{b^p}$

【注意】 この指数法則は，指数が実数のときにも同様に成り立つ．

例題 1.27　$a \times \sqrt{a} \div \sqrt[3]{a}$ を計算せよ．ただし，$a>0$ とする．

【解答】　$a \times \sqrt{a} \div \sqrt[3]{a} = a^1 \times a^{1/2} \div a^{1/3} = a^{1+(1/2)-(1/3)} = a^{7/6} = \sqrt[6]{a^7}$　◇

問 24.　次の式を計算せよ．ただし，$a>0$ とする．

(1) $\sqrt{a}\sqrt[3]{a^2}$　(2) $\dfrac{\sqrt[4]{a^3}\sqrt[8]{a^5}}{\sqrt{a}}$　(3) $\dfrac{\sqrt{a\sqrt[3]{a}}}{\sqrt[4]{a^3}}$

(4) $\sqrt[6]{a^5} \times \dfrac{1}{\sqrt{a}} \div \sqrt[3]{a}$　(5) $a\sqrt{a} \div \sqrt[4]{a} \times \dfrac{1}{\sqrt[3]{a}}$

問 25.　次の式を計算せよ．

(1) $5^{1/6} \times 5^{1/3} \div 5^{3/2}$　(2) $(8^{1/2})^{-2/3}$

(3) $(3^{4/3} \times 3^{-2})^{9/2}$　(4) $\sqrt{3} \times \sqrt[3]{3} \times \sqrt[6]{3}$

(5) $(32^{-2/3})^{3/5}$　(6) $(8^{1/6} \times 8^{1/2})^{1/2}$

(7) $6^{1/2} \times 18^{-1/3} \div \left(\dfrac{2}{3}\right)^{1/6}$　(8) $6^{2/3} \div 3^{1/3} \times \left(\dfrac{3}{2}\right)^{1/6}$

1.8.3 指　数　関　数

$a>0$，$a \neq 1$ とするとき，関数 $y=a^x$ を，a を底とする**指数関数**という．指数関数の定義域は実数全体，値域は正の数全体である．

x の値が増加すると y の値も増加する関数を**増加関数**といい，x の値が増加すると y の値は減少する関数を**減少関数**という．

指数関数 $y=a^x$ の性質は次のとおりである．

・$a>1$ のとき，$y=a^x$ は増加関数である．

$$p<q \iff a^p<a^q$$

・$0<a<1$ のとき，$y=a^x$ は減少関数である．

$$p<q \iff a^p>a^q$$

・$a>0$，$a\neq 1$ のとき，　$p=q \iff a^p=a^q$

例えば，$y=2^x$ は増加関数であり，$y=\left(\dfrac{1}{2}\right)^x$ は減少関数である．ここで，$y=\left(\dfrac{1}{2}\right)^x=2^{-x}$ であることから，$y=2^x$ と $y=\left(\dfrac{1}{2}\right)^x$ のグラフは y 軸に関して対称である．

図 1.20，**1.21** のとおり，指数関数 $y=a^x$ のグラフはつねに点 $(0,1)$ を通り，x 軸が漸近線となる．

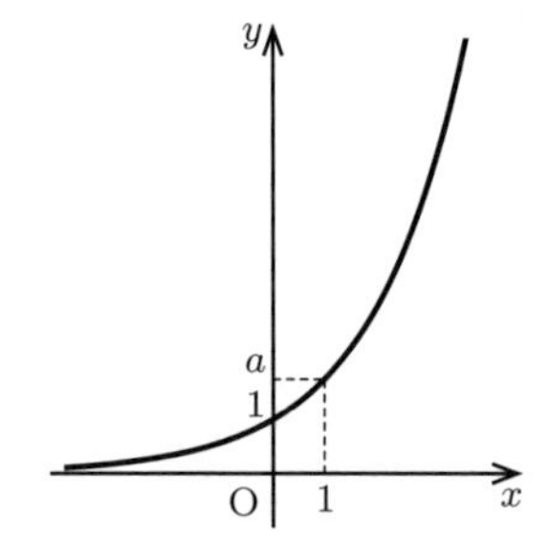

図 1.20　$y=a^x$ のグラフ $(a>1)$　　**図 1.21**　$y=a^x$ のグラフ $(0<a<1)$

【注意】グラフが一定の直線に限りなく近づくとき，その直線をそのグラフの**漸近線**という．

例題 1.28　次の方程式，不等式を解け．

(1) $27^x=3^{1-x}$　　(2) $2^{x-1}\leqq 16$

【解答】

(1) 方程式を変形すると $3^{3x}=3^{1-x}$ となるので，$3x=1-x$ を解いて，$x=\dfrac{1}{4}$

(2) 方程式を変形すると $2^{x-1}\leqq 2^4$ となる．ここで，2 は 1 より大きいので
$x-1\leqq 4$
これを解いて，$x\leqq 5$　◇

問 26.　次の方程式，不等式を解け．

(1) $4^{x-1}=(\sqrt{2})^x$　　(2) $0.125<0.5^x<1$

1.9 対　数　関　数

1.9.1 対　　　数

$a>0$，$a \neq 1$ とするとき，指数関数 $y=a^x$ のグラフから，任意の正の数 M について $a^p=M$ となる実数 p がただ1つ定まることがわかる（図 **1.22** 参照）．

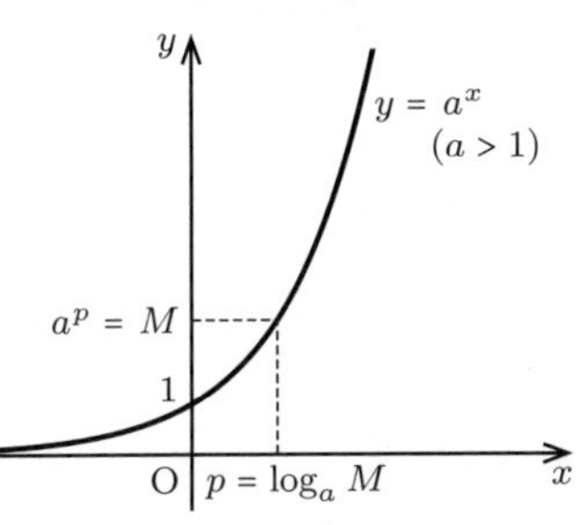

図 **1.22**　対数の定義

この p を，a を底とする M の**対数**といい，$\log_a M$ と書く†．また，この M をこの対数の真数という．$M=a^p>0$ より，対数の真数は正の数である．

> **対数**
>
> $a>0$，$a \neq 1$，$M>0$ のとき
>
> $$a^p = M \iff p = \log_a M \tag{1.3}$$

例えば，　$2^3=8 \iff 3=\log_2 8$

$2^{-1}=0.5 \iff -1=\log_2 0.5$　　となる．

また，指数と対数の関係 (1.3) より

$$a^{\log_a M} = a^p = M$$

が成り立つことがわかる．

例題 1.29　次の値を求めよ．

(1) $\log_2 \dfrac{1}{128}$　　(2) $\log_3 3\sqrt{3}$　　(3)$\log_{10} 0.001$

【解答】

(1)　$\log_2 \dfrac{1}{128} = \log_2 2^{-7} = -7$　　(2)　$\log_3 3\sqrt{3} = \log_3 3^{3/2} = \dfrac{3}{2}$

---

† log は，対数を意味する英語 logarithm の略である．

(3)　$\log_{10} 0.001 = \log_{10} 10^{-3} = -3$　◇

問 27.　次の値を求めよ.

(1) $\log_3 81$　　(2) $\log_2 \dfrac{1}{\sqrt{2}}$　　(3) $\log_{10} 0.0001$

1.9.2 対数の性質

$$a^1 = a, \qquad a^0 = 1, \qquad a^{-1} = \frac{1}{a} \qquad \text{より}$$

$$\log_a a = 1, \qquad \log_a 1 = 0, \qquad \log_a \frac{1}{a} = -1$$

が成り立つ. また指数法則と対数の定義から, 次の性質が導かれる.

対数の性質

a, b, c, M, N は正の数で, $a \neq 1$, $c \neq 1$ とする. k が実数のとき

(i) $\log_a MN = \log_a M + \log_a N$

(ii) $\log_a \dfrac{M}{N} = \log_a M - \log_a N$

(iii) $\log_a M^k = k \log_a M$

(iv) $\log_a b = \dfrac{\log_c b}{\log_c a}$　　(底の変換公式)

例題 1.30　次の式を簡単にせよ.

(1) $4\log_2 \sqrt{3} - \log_2 18$　　(2) $\log_3 4 \cdot \log_4 9$

【解答】

(1) $4\log_2 \sqrt{3} - \log_2 18 = \log_2 (\sqrt{3})^4 - \log_2 18$

$$= \log_2 \frac{9}{18} = \log_2 \frac{1}{2} = \log_2 2^{-1} = -1$$

(2) $\log_3 4 \cdot \log_4 9 = \log_3 4 \cdot \dfrac{\log_3 9}{\log_3 4} = \log_3 3^2 = 2$　◇

問 28.　次の式を簡単にせよ.

(1) $\log_{10} 30 + \log_{10} 40 - \log_{10} 12$　　(2) $\log_2 8 - \log_2 2\sqrt{2}$

(3) $\log_2 \sqrt{5} + 3\log_2 \sqrt{2} - \dfrac{1}{2}\log_2 10$　　(4) $\log_3 54 + \dfrac{1}{3}\log_3 \sqrt{3} - \log_3 6$

(5) $\log_2 \sqrt{32}$　　(6) $\log_3 \sqrt[3]{24} - \log_3 \sqrt{12}$

(7) $\log_{16} 8$　　(8) $\log_4 3 \cdot \log_3 8$

(9) $\dfrac{\log_8 4}{\log_2 32}$　　(10) $\log_3 \dfrac{9}{2} + \log_9 12$

1.9.3 対　数　関　数

$a > 0$, $a \neq 1$ とするとき，関数 $y = \log_a x$ を，a を底とする**対数関数**という．対数関数の定義域は正の数全体，値域は実数全体である．

・$a > 1$ のとき，$y = \log_a x$ は増加関数である．

$$0 < p < q \iff \log_a p < \log_a q$$

・$0 < a < 1$ のとき，$y = \log_a x$ は減少関数である．

$$0 < p < q \iff \log_a p > \log_a q$$

・$a > 0$, $a \neq 1$ のとき，　$0 < p = q \iff \log_a p = \log_a q$

対数関数 $y = \log_a x$ のグラフは，指数関数 $y = a^x$ のグラフと直線 $y = x$ に関して対称である（図 **1.23** 参照）．グラフはつねに点 $(1, 0)$ を通り，y 軸が漸近線となる．

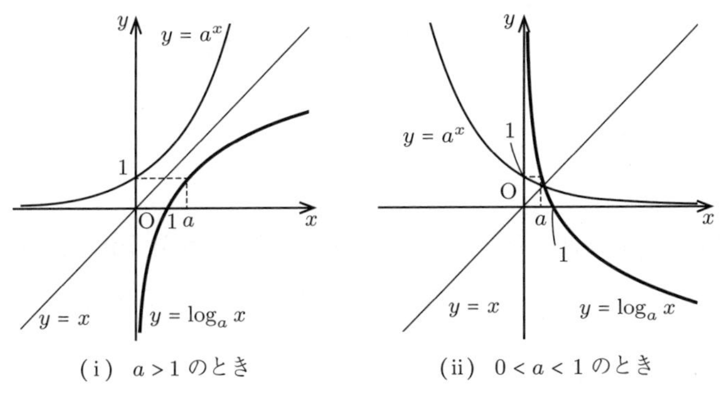

(i)　$a > 1$ のとき　　(ii)　$0 < a < 1$ のとき

図 **1.23**　$y = \log_a x$ と $y = a^x$ のグラフの関係

例題 1.31　方程式 $\log_2(x - 3) = 4$ を解け．

【解答】 真数は正であるから，$x-3>0$ より $x>3$
対数の定義より，$x-3=2^4$ と変形できるので，これを解いて，$x=19$
これは $x>3$ を満たすから　$x=19$　◇

問 29. 次の方程式を解け．
(1) $\log_3(x-2)=4$　　(2) $\log_{0.5}(x+1)=2$

1.9.4 常用対数

10 を底とする対数を**常用対数**という．常用対数を用いることで，10 進法での桁数を求めることができる．

例題 1.32　2^{100} は何桁の整数か．ただし，$\log_{10}2=0.3010$ とする．

【解答】 $\log_{10}2^{100} = 100\log_{10}2 = 100\times0.3010 = 30.10$
これより，　$30<\log_{10}2^{100}<31$
よって，　$10^{30}<2^{100}<10^{31}$
が成り立つので，2^{100} は 31 桁の整数である．　◇

1.10 分数関数

$y=\dfrac{3}{x}$，$y=\dfrac{3x-5}{x^2+1}$ のように，x についての分数式で表された関数を x の分数関数という．

分数関数の定義域は，分母を 0 にする x の値を除く実数全体である．
本節では，$y=\dfrac{ax+b}{cx+d}$ の形の分数関数のグラフについて扱う．

〔1〕 $y=\dfrac{k}{x}$ のグラフ

k を 0 でない定数とするとき，分数関数 $y=\dfrac{k}{x}$ の定義域は $x\neq0$，値域は $y\neq0$ である．この関数のグラフは原点に関して対称であり，k の値により，図 **1.24**，**1.25** のようになる．また，グラフの漸近線は x 軸と y 軸であり，2 つの漸近線は直交する．

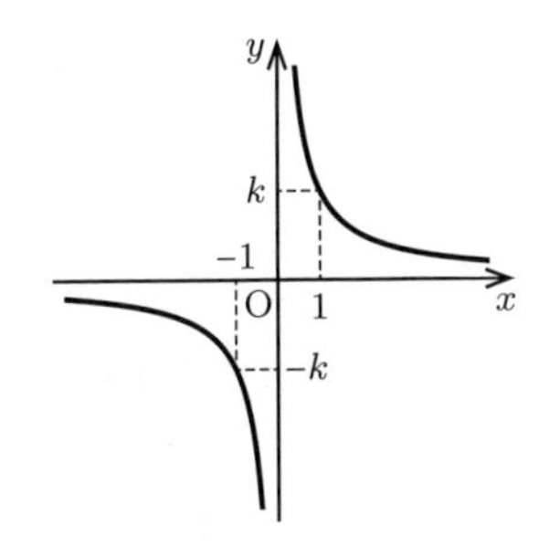

図 1.24 $y = \dfrac{k}{x}$ のグラフ $(k > 0)$

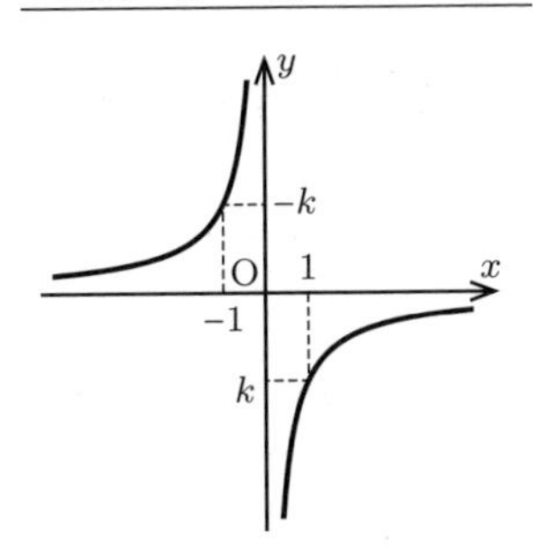

図 1.25 $y = \dfrac{k}{x}$ のグラフ $(k < 0)$

〔2〕 $\boldsymbol{y = \dfrac{k}{x - p} + q}$ のグラフ

関数 $y = f(x - p) + q$ のグラフは，$y = f(x)$ のグラフを x 軸方向に p，y 軸方向に q だけ平行移動した曲線である（p.27 参照）．

分数関数のグラフ

分数関数 $y = \dfrac{k}{x - p} + q$ のグラフは，$y = \dfrac{k}{x}$ のグラフを x 軸方向に p，y 軸方向に q だけ平行移動した曲線で，
漸近線は $x = p$，$y = q$ である．
この関数の定義域は $x \neq p$，値域は $y \neq q$ である．

例 1.2 関数 $y = \dfrac{3}{x - 1} + 2$ のグラフは，関数 $y = \dfrac{3}{x}$ のグラフを x 軸方向に 1，y 軸方向に 2 だけ平行移動したもので図 **1.26** のようになる．漸近線は $x = 1$，$y = 2$ である．また，定義域は $x \neq 1$，値域は $y \neq 2$ である．

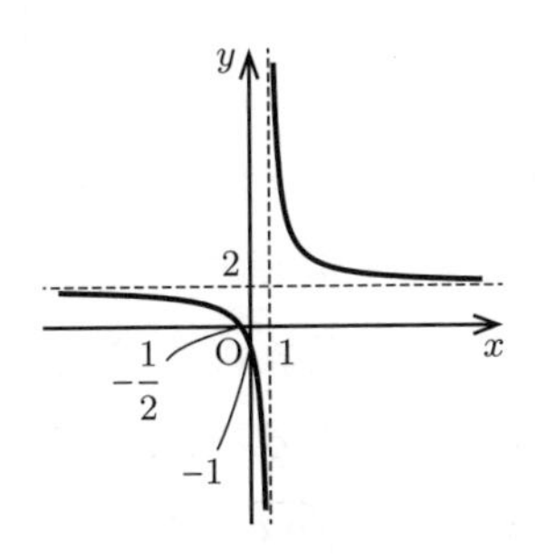

図 1.26 $y = \dfrac{3}{x - 1} + 2$ のグラフ

〔3〕 $\boldsymbol{y = \dfrac{ax+b}{cx+d}}$ のグラフ

一般に，分数関数 $y = \dfrac{ax+b}{cx+d}$ は $y = \dfrac{k}{x-p} + q$ の形に変形できる．

例題 1.33　関数 $y = \dfrac{-2x+5}{2x-1}$ のグラフをかけ．また，その漸近線を求めよ．

【解答】

$$y = \frac{-2x+5}{2x-1} = \frac{-(2x-1)+4}{2x-1}$$

$$= \frac{4}{2x-1} - 1 = \frac{2}{x-\frac{1}{2}} - 1$$

と変形できる．

よって，この関数のグラフは $y = \dfrac{2}{x}$ のグラフを x 軸方向に $\dfrac{1}{2}$，y 軸方向に -1 だけ平行移動したもので図 **1.27** のようになる．

漸近線は 2 直線 $x = \dfrac{1}{2}$，$y = -1$ である．

◇

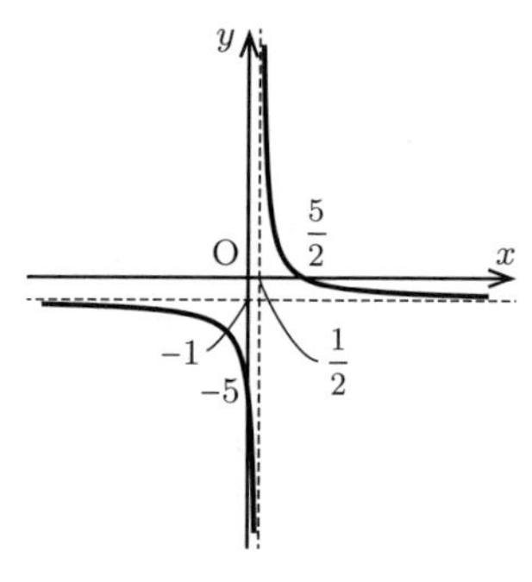

図 **1.27**　$y = \dfrac{-2x+5}{2x-1}$ のグラフ

問 30.　次の関数のグラフをかけ．また，その漸近線を求めよ．

(1) $y = \dfrac{3-2x}{x-1}$　　　(2) $y = \dfrac{6x}{3x+2}$

1.11　無理関数

$y = \sqrt{x}$，$y = \sqrt{3-2x}$，$y = \sqrt{x^2+1}$ のように，x についての無理式で表された関数を x の無理関数という．

無理関数の定義域は，根号の中を 0 以上にする実数全体である．

本節では，根号の中が x の 1 次式であるような簡単な無理関数を扱う．

〔1〕 $\boldsymbol{y = \sqrt{ax}}$ のグラフ

無理関数

$$y = \sqrt{x} \tag{1.4}$$

の定義域は $x \geqq 0$，値域は $y \geqq 0$ である．式 (1.4) の両辺を 2 乗すると

$$y^2 = x \tag{1.5}$$

となる．式 (1.5) は，x 軸を軸とし，原点を頂点とする放物線を表す．

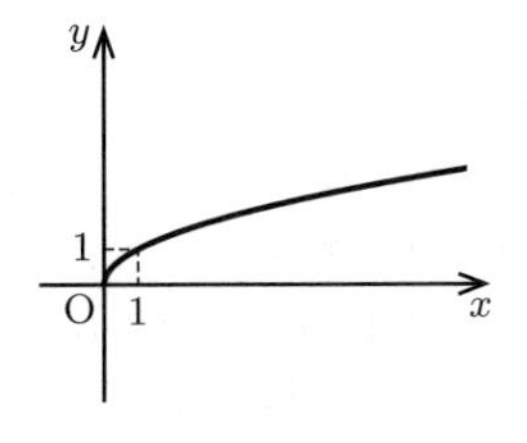

図 **1.28**　$y = \sqrt{x}$ のグラフ

式 (1.4) において $y \geqq 0$ であるから，関数 (1.4) のグラフは放物線 (1.5) の $y \geqq 0$ の部分であり，図 **1.28** のようになる．

一般に，$y = \sqrt{ax}$ のグラフは，a の符号によって図 **1.29**，**1.30** のようになる．

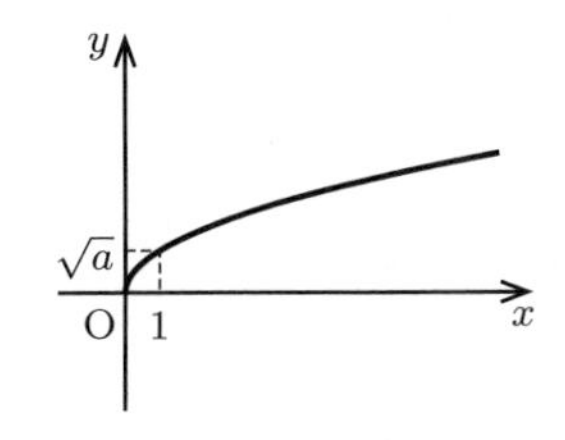

図 **1.29**　$y = \sqrt{ax}$ のグラフ $(a > 0)$

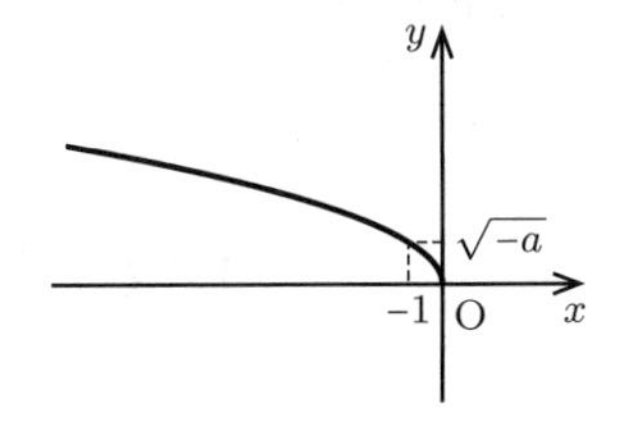

図 **1.30**　$y = \sqrt{ax}$ のグラフ $(a < 0)$

〔**2**〕 $\boldsymbol{y = \sqrt{ax + b}}$ **のグラフ**

一般に，$a \neq 0$ のとき

$$\sqrt{ax + b} = \sqrt{a\left(x + \frac{b}{a}\right)}$$

であるから，無理関数 $y = \sqrt{ax + b}$ について，次が成り立つ．

> **無理関数のグラフ**
>
> 無理関数 $y = \sqrt{ax + b}$ のグラフは，$y = \sqrt{ax}$ のグラフを x 軸方向に $-\dfrac{b}{a}$ だけ平行移動したものである．

例題 1.34　関数 $y = \sqrt{2x+4}$ のグラフをかけ．また，その定義域と値域を求めよ．

【解答】　$\sqrt{2x+4} = \sqrt{2(x+2)}$
であるから，求めるグラフは，関数 $y = \sqrt{2x}$ のグラフを x 軸方向に -2 だけ平行移動したもので，**図 1.31** のようになる．また，定義域は $x \geqq -2$，値域は $y \geqq 0$ である．　◇

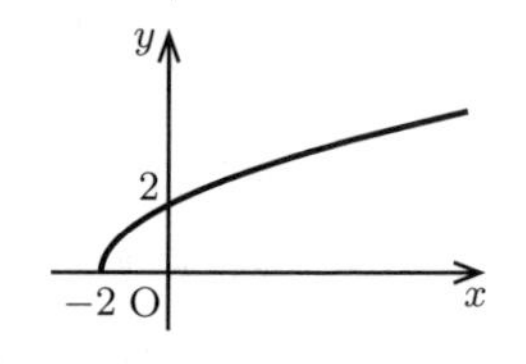

図 1.31　$y = \sqrt{2x+4}$ のグラフ

問 31.　次の関数のグラフをかけ．また，その定義域と値域を求めよ．
(1) $y = \sqrt{3x-6}$　　(2) $y = \sqrt{-2x+4}$

1.12　逆　関　数

関数 $y = f(x)$ において，与えられた y に対し $y = f(x)$ となる x がただ 1 つ決まるとする．このとき，y に x を対応させる規則を f^{-1} で表し，関数 $y = f(x)$ の**逆関数**という．すなわち，$x = f^{-1}(y)$ である．定義により

$$b = f(a) \iff a = f^{-1}(b)$$

逆関数を考えるときには，x と y を入れ替えて $y = f^{-1}(x)$ のように表すことも多い．

例題 1.35　次の関数の逆関数を求めよ．
(1) $y = 2x+1 \quad (0 \leqq x \leqq 2)$　　(2) $y = x^2 \quad (x \geqq 0)$

【解答】
(1) $y = 2x+1\ (0 \leqq x \leqq 2)$ の値域は $1 \leqq y \leqq 5$ である．
$y = 2x+1$ を x について解くと

$$x = \frac{1}{2}y - \frac{1}{2} \qquad (1 \leqq y \leqq 5)$$

よって，逆関数は

$$y = \frac{1}{2}x - \frac{1}{2} \qquad (1 \leqq x \leqq 5)$$

この逆関数の値域は $0 \leqq y \leqq 2$ となり，もとの関数の定義域と一致する．

(2) 関数 $y = x^2$ において，定義域に制限がない場合，$y > 0$ である y の値に対して，対応する x の値はただ 1 つに定まらないが，$x \geqq 0$ においては逆関数が存在する．

この関数の値域は $y \geqq 0$ である．$y = x^2$ を x について解くと

$$x = \sqrt{y} \qquad (y \geqq 0)$$

よって，逆関数は

$$y = \sqrt{x} \qquad (x \geqq 0)$$

◇

例題からもわかるように，一般に，$f(x)$ と $f^{-1}(x)$ では，定義域と値域が入れ替わる．

逆関数のグラフについては，前述のとおり

$$b = f(a) \iff a = f^{-1}(b)$$

が成り立つことから，点 (a, b) が関数 $y = f(x)$ のグラフ上にあることと，点 (b, a) が関数 $y = f^{-1}(x)$ のグラフ上にあることは同値である．

点 (a, b) と点 (b, a) は図 **1.32** のように直線 $y = x$ に関して対称であるから，次のことが成り立つ．

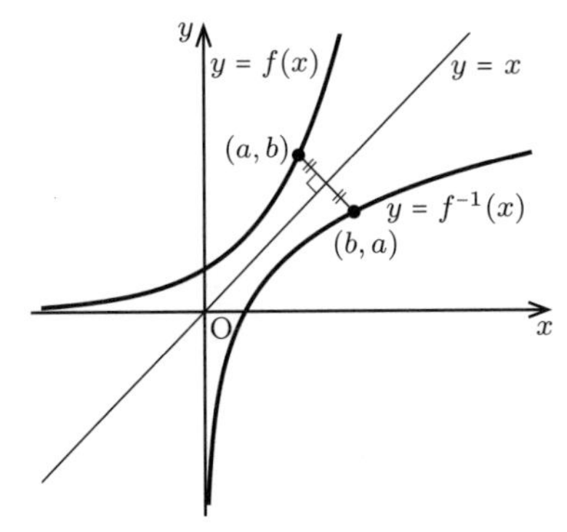

図 1.32　$y = f(x)$ とその逆関数 $y = f^{-1}(x)$ のグラフ

逆関数のグラフの性質

関数 $y = f(x)$ のグラフと，その逆関数 $y = f^{-1}(x)$ のグラフは，直線 $y = x$ に関して対称である．

例題 1.35 で取り上げた関数 $y = f(x)$ とその逆関数 $y = f^{-1}(x)$ のグラフについては，**図 1.33**，**1.34** のようになる．

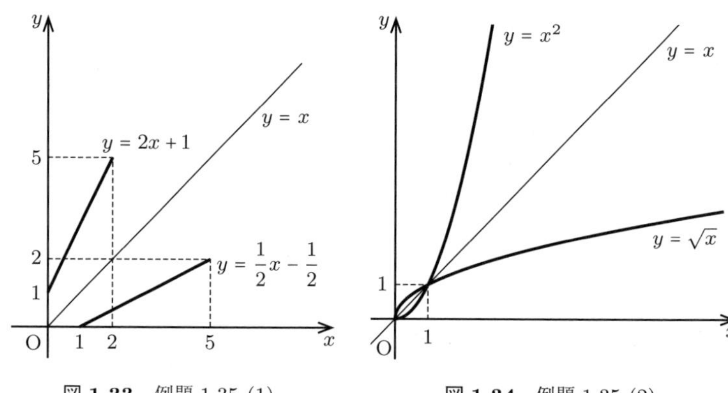

図 1.33　例題 1.35 (1)

図 1.34　例題 1.35 (2)

コーヒーブレイク：線形計画法

限られた予算や資源の中で最大の利益を得るにはどうすればよいか，といった問題を考える際に「線形計画法（linear programming）」という方法が用いられる．線形計画法とは，1 次不等式で表される領域内で，ある 1 次関数の値を最大化（または最小化）する変数の値を求める方法である．

次の問題を線形計画法を用いて解いてみよう．

ある工場では，製品 I と製品 II の 2 つの製品を製造しており，この 2 つの製品を作るのに，材料 A と材料 B を使用している．製品を 1 単位生産したときの利益は，製品 I が 2 万円，製品 II が 3 万円である．また，この工場で利用可能な材料 A は 10 kg，材料 B は 15 kg である．製品を 1 単位生産するにあたり必要となる材料 A は，製品 I が 1 kg，製品 II が 2 kg であり，必要となる材料 B は，製品 I が 3 kg，製品 II が 1 kg である．このとき，利益を最大とするには，製品 I と II をそれぞれ何単位ずつ生産すればよいだろうか．

まず，製品 I を x 単位，製品 II を y 単位生産すると仮定する．問題で与えられた条件を式で表すと

$$x + 2y \leqq 10, \qquad 3x + y \leqq 15, \qquad x \geqq 0, \qquad y \geqq 0$$

となる．条件の連立不等式の表す領域は図のグレーの部分となる（境界線を含む）．この条件のもとで，$2x + 3y$ の最大値を求めるのだが，ここで $2x + 3y = k$ とおくと

$$2x + 3y = k \iff y = -\frac{2}{3}x + \frac{k}{3}$$

領域内の (x, y) で k が最大となる組み合わせは，$x = 4$，$y = 3$ のときなので，製品 I を 4 単位，製品 II を 3 単位生産すればよいことがわかる．

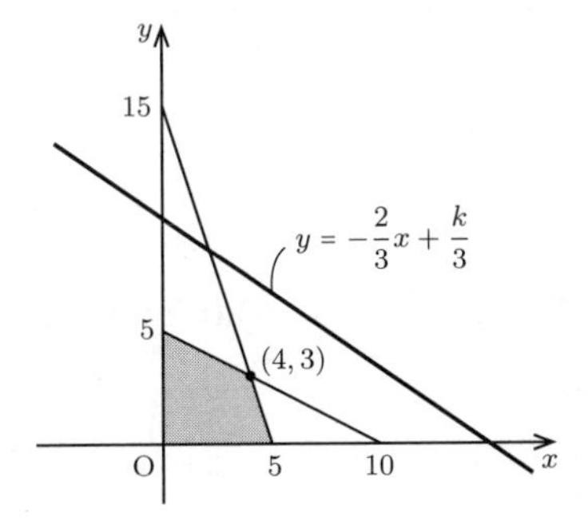

図　線形計画法による解法

2章　数　　列

2.1　数　　列

2.1.1　数　　列

正の奇数を小さいものから順番に並べた数の列

$$1,\ 3,\ 5,\ 7,\ 9,\ \cdots \tag{2.1}$$

を考えると，これらの数の間には，「最初の数を 1 とし，そのあとは順に 2 を加えた数を並べる」という規則がある．

このように，一定の規則にしたがって並べられた数の列を**数列**，数列を構成する各数をその数列の項という．数列の n 番目の項を第 n 項といい，特に第 1 項を初項という．数列 (2.1) の初項は 1，第 4 項は 7 である．

項の個数が有限である数列を**有限数列**といい，項が限りなく続く数列を**無限数列**という．有限数列において，その項の個数を項数，最後の項を末項という．

数列を表すには

$$a_1,\ a_2,\ a_3,\ \cdots,\ a_n,\ \cdots$$

のように書く．また，この数列を $\{a_n\}$ と記すこともある．

数列 $\{a_n\}$ の第 n 項 a_n が n の式で表されるとき，これを一般項という．数列 (2.1) の一般項は $a_n = 2n - 1$ である．

2.1.2 数列の和の定義

数列 $\{a_n\}$ において，第 1 項から第 n 項までの和を S_n と表すことが多い．このの S_n を数列の和という．

例えば，$S_1 = a_1$，$S_2 = a_1 + a_2$，$S_5 = a_1 + a_2 + a_3 + a_4 + a_5$ であり

$$S_n = a_1 + a_2 + \cdots + a_n$$

となる．

2.2 等 差 数 列

2.2.1 等 差 数 列

$$3,\ 7,\ 11,\ 15,\ \cdots \tag{2.2}$$

という数列は，初項 3 に次々に 4 を加えて得られる．このように，各項に一定の数 d を加えて次の項が得られる数列を**等差数列**といい，d をその公差という．数列 (2.2) は，初項 3，公差 4 の等差数列となる．

初項 a，公差 d である等差数列 $\{a_n\}$ の各項は

$$a_1 = a$$
$$a_2 = a_1 + d = a + d$$
$$a_3 = a_2 + d = a + 2d$$
$$a_4 = a_3 + d = a + 3d$$
$$\cdots\cdots$$

と表されることから，一般に次が成り立つ．

等差数列の一般項

初項 a，公差 d の等差数列 $\{a_n\}$ の一般項は

$$a_n = a + (n-1)\,d$$

例題 2.1　数列 (2.2) の一般項と第 10 項を求めよ．

【解答】 与えられた数列は，初項 3，公差 4 の等差数列なので，一般項は $a_n = 3 + 4(n-1) = 4n-1$ で与えられる．
よって，第 10 項は，$a_{10} = 4 \cdot 10 - 1 = 39$ となる．　◇

問 1.　次の等差数列の一般項と第 10 項を求めよ．
(1) 5，8，11，14，17，⋯　　(2) 2，0，−2，−4，−6，⋯

2.2.2 等差数列の和

初項 a，末項 l，公差 d，項数 n の等差数列の初項から末項までの和 S_n は

$$S_n = a + (a+d) + (a+2d) + \cdots + (l-d) + l \tag{2.3}$$

項の順序を逆にすると

$$S_n = l + (l-d) + (l-2d) + \cdots + (a+d) + a \tag{2.4}$$

式 (2.3) と式 (2.4) の各辺を加えると

$$2S_n = (a+l) + (a+l) + (a+l) + \cdots + (a+l) + (a+l)$$

右辺は，$a+l$ を n 個加えたものであるから

$$2S_n = n(a+l)$$

よって

$$S_n = \frac{1}{2}n(a+l)$$

また，末項 l は，$l = a + (n-1)d$ と表されるので

$$S_n = \frac{1}{2}n\{2a + (n-1)d\}$$

等差数列の和

初項 a，公差 d，末項 l，項数 n の等差数列の和を S_n とすると

$$S_n = \frac{1}{2}n(a+l) = \frac{1}{2}n\{2a + (n-1)d\}$$

例題 2.2　次の等差数列の和を求めよ.

1, 4, 7, ⋯, 100

【解答】 この等差数列は初項 1, 公差 3 である. 末項である 100 が第 n 項であるとすると, $1+3(n-1)=100$.
これを解いて, $n=34$ となる. よって, 初項 1, 末項 100, 項数 34 の等差数列の和は

$$S=\frac{1}{2}\cdot 34\cdot(1+100)=1717$$ ◇

問 2.　次の等差数列の和を求めよ.
(1) 初項 3, 公差 −2, 項数 20　　(2) 40, 45, 50, ⋯, 100

2.3 等　比　数　列

2.3.1 等　比　数　列

$$3,\ 6,\ 12,\ 24,\ \cdots \tag{2.5}$$

という数列は, 初項 3 に次々に 2 を掛けて得られる. このように, 各項に一定の数 r を掛けて次の項が得られる数列を**等比数列**といい, r をその公比という. 数列 (2.5) は, 初項 3, 公比 2 の等比数列となる.

初項 a, 公比 r である等比数列 $\{a_n\}$ の各項は

$$\begin{aligned} a_1 &= a \\ a_2 &= a_1 r = ar \\ a_3 &= a_2 r = ar^2 \\ a_4 &= a_3 r = ar^3 \\ &\cdots\cdots \end{aligned}$$

と表されることから, 一般に次が成り立つ.

等比数列の一般項

初項 a，公比 r の等比数列 $\{a_n\}$ の一般項は

$$a_n = ar^{n-1}$$

例題 2.3　数列 (2.5) の一般項と第 10 項を求めよ．

【解答】　与えられた数列は，初項 3，公比 2 の等比数列なので，一般項は $a_n = 3 \cdot 2^{n-1}$ で与えられる．
よって，第 10 項は，$a_{10} = 3 \cdot 2^9 = 1536$ となる．　◇

問 3.　次の等比数列の一般項と第 7 項を求めよ．

(1) 2，6，18，54，⋯　　(2) −4，4，−4，4，⋯

(3) 18，12，8，$\frac{16}{3}$，⋯

2.3.2 等比数列の和

初項 a，公比 r の等比数列の初項から第 n 項までの和 S_n は

$$S_n = a + ar + ar^2 + \cdots + ar^{n-2} + ar^{n-1} \tag{2.6}$$

式 (2.6) の両辺を r 倍して

$$rS_n = ar + ar^2 + ar^3 + \cdots + ar^{n-1} + ar^n \tag{2.7}$$

式 (2.6) から式 (2.7) を引くと

$$(1-r)S_n = a - ar^n = a(1-r^n) \tag{2.8}$$

よって，$r \neq 1$ のとき，　$S_n = \dfrac{a(1-r^n)}{1-r}$

また，$r = 1$ のとき，　$S_n = \underbrace{a + a + a + \cdots + a}_{n\text{ 個}} = na$

等比数列の和

初項 a，公比 r，項数 n の等比数列の和を S_n とする．

(i) $r \neq 1$ のとき $S_n = \dfrac{a(1-r^n)}{1-r} = \dfrac{a(r^n-1)}{r-1}$

(ii) $r = 1$ のとき $S_n = na$

例題 2.4

(1) 初項 3，公比 -2，項数 8 である等比数列の和を求めよ．

(2) 次の等比数列の初項から第 n 項までの和 S_n を求めよ．

$$2,\ 1,\ \frac{1}{2},\ \frac{1}{4},\ \cdots$$

【解答】

(1) 等比数列の初項から第 8 項までの和 S_8 は

$$S_8 = \frac{3\{1-(-2)^8\}}{1-(-2)} = \frac{3(1-256)}{3} = -255$$

(2) 初項 2，公比 1/2 の等比数列なので

$$S_n = \frac{2\{1-\left(\frac{1}{2}\right)^n\}}{1-\frac{1}{2}} = 4\left\{1-\left(\frac{1}{2}\right)^n\right\}$$ ◇

例題 2.5 1 日目に 10 円，2 日目に 20 円，3 日目に 40 円，… というように，前の日の 2 倍の金額を毎日貯金箱に入れていくと，1 週間でいくら貯金することができるか．

【解答】 n 日目に貯金箱に入れる金額を a_n とおくと，数列 $\{a_n\}$ は初項 10，公比 2 の等比数列であり，1 週間で貯金する額は初項から第 7 項までの和となる．

$$S_7 = \frac{10(2^7-1)}{2-1} = 1270$$

よって，求める金額は 1270 円となる． ◇

問 4. 次の等比数列の和を求めよ．

(1) 初項 2，公比 -3，項数 6　　(2) 初項 27，公比 1/3，末項 1/3

問 5. 次の等比数列の初項から第 n 項までの和 S_n を求めよ.

(1) $2,\ -4,\ 8,\ -16,\ \cdots$　　(2) $1,\ \dfrac{3}{2},\ \dfrac{9}{4},\ \dfrac{27}{8},\ \cdots$

2.4 和の公式

2.4.1 和の記号 $\sum$

数列 $\{a_n\}$ の初項から第 n 項までの和を記号 $\sum$ を用いて $\sum_{k=1}^{n} a_k$ と書く†.

$$\sum_{k=1}^{n} a_k = a_1 + a_2 + \cdots + a_n \tag{2.9}$$

ここで, $\sum$ の下には加え始める項の番号を, $\sum$ の上には加え終わる項の番号を記してある. つまり, 式 (2.9) の左辺は, 数列 $\{a_k\}$ の $k=1$ (第 1 項) から $k=n$ (第 n 項) までの和ということである.

例えば

$$\sum_{k=1}^{5} a_k = a_1 + a_2 + a_3 + a_4 + a_5, \qquad \sum_{k=3}^{5} a_k = a_3 + a_4 + a_5$$

である.

$\sum$ について次の等式が成り立つ.

記号 $\sum$ の性質

(i) $\displaystyle\sum_{k=1}^{n}(a_k \pm b_k) = \sum_{k=1}^{n} a_k \pm \sum_{k=1}^{n} b_k$　　(複号同順)

(ii) $\displaystyle\sum_{k=1}^{n} c a_k = c\sum_{k=1}^{n} a_k$　　(c は定数)

【注意】 $\pm$, $\mp$ のように, 正負を表す記号を合わせたものを複号という. 複号を含む数式において, 複号の上側または下側のみをとって 1 つの式とみなすことを**複号同順**という.

† $\sum$ は和を意味する sum の頭文字 s にあたるギリシャ文字で, シグマと読む.

2.4.2 数列の和の公式

いくつかの数列の和の公式は，$\sum$ を用いて，次のようにまとめられる．

数列の和の公式

(i) $\displaystyle\sum_{k=1}^{n} c = \underbrace{c+c+c+\cdots+c}_{n\text{ 個}} = nc$ （c は定数）

(ii) $\displaystyle\sum_{k=1}^{n} k = 1+2+3+\cdots+n = \frac{1}{2}n(n+1)$

(iii) $\displaystyle\sum_{k=1}^{n} k^2 = 1^2+2^2+3^2+\cdots+n^2 = \frac{1}{6}n(n+1)(2n+1)$

(iv) $\displaystyle\sum_{k=1}^{n} k^3 = 1^3+2^3+3^3+\cdots+n^3 = \left\{\frac{1}{2}n(n+1)\right\}^2$

(v) $\displaystyle\sum_{k=1}^{n} r^{k-1} = 1+r+r^2+\cdots+r^{n-1} = \frac{1-r^n}{1-r} = \frac{r^n-1}{r-1}$ $(r \neq 1)$

証明

(ii) $\displaystyle\sum_{k=1}^{n} k$ は初項 1，公差 1 の等差数列の初項から第 n 項までの和であるから

$$\sum_{k=1}^{n} k = \frac{1}{2}n(n+1)$$

(iii) $(k+1)^3-k^3=3k^2+3k+1$ の両辺において，k に 1 から n までを代入する．

$k=1$ とすると　$2^3-1^3 = 3\cdot1^2+3\cdot1+1$

$k=2$ とすると　$3^3-2^3 = 3\cdot2^2+3\cdot2+1$

$k=3$ とすると　$4^3-3^3 = 3\cdot3^2+3\cdot3+1$

　　……　　　　………

$k=n$ とすると　$(n+1)^3-n^3 = 3n^2+3n+1$

これらの n 個の等式を辺々加えると

$$(n+1)^3-1^3 = 3(1^2+2^2+3^2+\cdots+n^2)+3(1+2+3+\cdots+n)+n$$

公式 (ii) を用いると　$\displaystyle(n+1)^3-1 = 3\sum_{k=1}^{n}k^2+\frac{3}{2}n(n+1)+n$

これより

$$3\sum_{k=1}^{n}k^2 = (n+1)^3-1-\frac{3}{2}n(n+1)-n = \frac{1}{2}n(n+1)(2n+1)$$

したがって，$\displaystyle\sum_{k=1}^{n}k^2 = \frac{1}{6}n(n+1)(2n+1)$

(iv)　$(k+1)^4$ を展開すると，$k^4+4k^3+6k^2+4k+1$ となる．
$(k+1)^4-k^4=4k^3+6k^2+4k+1$ の両辺において，k に 1 から n までを代入し，(iii) と同様にこれらの辺々を加えると

$$(n+1)^4-1^4 = 4(1^3+2^3+\cdots+n^3)+6(1^2+2^2+\cdots+n^2) +4(1+2+\cdots+n)+n$$

$$(n+1)^4-1 = 4\sum_{k=1}^{n}k^3+6\sum_{k=1}^{n}k^2+4\sum_{k=1}^{n}k+n$$

公式 (ii) と (iii) を右辺に適用すれば，(iv) が得られる．

(v)　$\sum_{k=1}^{n} r^{k-1}$ は初項 1, 公比 r の等比数列の初項から第 n 項までの和であるから

$$\sum_{k=1}^{n} r^{k-1} = \frac{1-r^n}{1-r} = \frac{r^n-1}{r-1}$$

□

例題 2.6　次の数列の初項から第 n 項までの和を求めよ．

$1^2,\ 3^2,\ 5^2,\ 7^2,\ \cdots$

【解答】　この数列の一般項を a_k とすると，$a_k=(2k-1)^2$
したがって，求める和は

$$\sum_{k=1}^{n}(2k-1)^2 = \sum_{k=1}^{n}(4k^2-4k+1) = 4\sum_{k=1}^{n}k^2-4\sum_{k=1}^{n}k+n$$

$$= \frac{2}{3}n(n+1)(2n+1)-2n(n+1)+n$$

$$= \frac{n(4n^2-1)}{3} = \frac{n(2n-1)(2n+1)}{3}$$

◇

問 6.　次の数列の初項から第 n 項までの和を求めよ．

$1\cdot 1,\ 2\cdot 3,\ 3\cdot 5,\ 4\cdot 7,\ \cdots$

2.5　数 列 の 極 限

2.5.1　数 列 の 極 限

数列

$a_1,\ a_2,\ a_3,\ \cdots,\ a_n,\ \cdots$

は無限数列であるとし，これを $\{a_n\}$ で表す．

数列 $\{a_n\}$ において，n が限りなく大きくなるにつれて，a_n が一定の値 α に限りなく近づくとき

$$\lim_{n\to\infty} a_n = \alpha \qquad \text{または} \qquad a_n \to \alpha \quad (n \to \infty)$$

と書き[†]，この値 α を数列 $\{a_n\}$ の**極限値**という．このとき，数列 $\{a_n\}$ は α に**収束**する，または，数列 $\{a_n\}$ の極限は α であるという．

数列 $\{a_n\}$ が収束しないとき，$\{a_n\}$ は**発散**するという．数列 $\{a_n\}$ が発散するときの極限は次の 3 つの場合に分けられる．

(i) $n \to \infty$ のとき a_n が正で限りなく大きくなる場合
$\{a_n\}$ は正の無限大に発散する，または $\{a_n\}$ の極限は正の無限大であるといい，

$$\lim_{n\to\infty} a_n = \infty \qquad \text{または} \qquad a_n \to \infty \quad (n \to \infty)$$

と書く．

(ii) $n \to \infty$ のとき a_n が負で絶対値が限りなく大きくなる場合
$\{a_n\}$ は負の無限大に発散する，または $\{a_n\}$ の極限は負の無限大であるといい，

$$\lim_{n\to\infty} a_n = -\infty \qquad \text{または} \qquad a_n \to -\infty \quad (n \to \infty)$$

と書く．

(iii) $a_n = (-1)^n$ のように，収束せず，正または負の無限大に発散もしない場合，$\{a_n\}$ は振動するという．

例題 2.7　一般項が次の式で表される数列 $\{a_n\}$ の極限を調べよ．

(1) $a_n = -n^2$　　(2) $a_n = \dfrac{1}{n}$　　(3) $a_n = 1 + (-1)^n$

【解答】

(1) 数列 $\{a_n\}$ は，-1，-4，-9，$\cdots$ であるから，$\displaystyle\lim_{n\to\infty} -n^2 = -\infty$

(2) 数列 $\{a_n\}$ は，1，$\dfrac{1}{2}$，$\dfrac{1}{3}$，$\cdots$ であるから，$\displaystyle\lim_{n\to\infty} \frac{1}{n} = 0$

---

† 記号 lim はリミット，∞ は無限大と読む．∞ は数を表すものではない．

(3)　数列 $\{a_n\}$ は, 0, 2, 0, 2 のように, 交互に 0 と 2 が現れるので, 振動する.

◇

問 7.　一般項が次の式で表される数列 $\{a_n\}$ の極限を調べよ.

(1) $a_n = \sqrt{n}$　　(2) $a_n = \left(\dfrac{1}{2}\right)^n$　　(3) $a_n = \left(-\dfrac{1}{3}\right)^n$

収束する数列の極限値については, 次のことが成り立つ.

数列の極限値の性質

数列 $\{a_n\}$, $\{b_n\}$ が収束し, $\lim_{n\to\infty} a_n = \alpha$, $\lim_{n\to\infty} b_n = \beta$ とする.

(i)　$\lim_{n\to\infty} ka_n = k\alpha$　　(k は定数)

(ii)　$\lim_{n\to\infty} (a_n \pm b_n) = \alpha \pm \beta$　　(複号同順)

(iii)　$\lim_{n\to\infty} a_n b_n = \alpha\beta$

(iv)　$\lim_{n\to\infty} \dfrac{a_n}{b_n} = \dfrac{\alpha}{\beta}$　　(ただし $\beta \neq 0$)

(v)　すべての n について $a_n \leqq b_n$ ならば　$\alpha \leqq \beta$

(vi)　すべての n について $a_n \leqq c_n \leqq b_n$ かつ $\alpha = \beta$ ならば

数列 $\{c_n\}$ は収束し,　$\lim_{n\to\infty} c_n = \alpha$

n^k の底 n が限りなく大きくなるとき, 次が成り立つ.

n^k の極限

$k > 0$ のとき

$$\lim_{n\to\infty} n^k = \infty$$

$$\lim_{n\to\infty} n^{-k} = \lim_{n\to\infty} \frac{1}{n^k} = 0$$

$\lim_{n\to\infty} a_n = \infty$, $\lim_{n\to\infty} b_n = \infty$ であるとき

$$\lim_{n\to\infty} (a_n + b_n) = \infty, \quad \lim_{n\to\infty} a_n b_n = \infty, \quad \lim_{n\to\infty} \frac{k}{a_n} = 0 \quad (k \text{ は定数})$$

は明らかに成り立つが，$\lim_{n\to\infty}(a_n - b_n)$，$\lim_{n\to\infty}\dfrac{a_n}{b_n}$ については，いろいろな場合があるので，極限を求める際には工夫が必要である．

例題 2.8　一般項が次の式で与えられる数列 $\{a_n\}$ の極限を求めよ．

(1) $a_n = 2n^3 - 5n + 2$　(2) $a_n = \sqrt{n+1} - \sqrt{n}$　(3) $a_n = \dfrac{3n^2 - 4n + 6}{n^2 + 3n}$

【解答】

(1)　最高次数の項を式からくくり出して考える．

$$\lim_{n\to\infty}(2n^3 - 5n + 2) = \lim_{n\to\infty} n^3\left(2 - \frac{5}{n^2} + \frac{2}{n^3}\right) = \infty$$

(2)　分子を有理化して考える．

$$\begin{aligned}\lim_{n\to\infty}(\sqrt{n+1} - \sqrt{n}) &= \lim_{n\to\infty}\frac{(\sqrt{n+1} - \sqrt{n})(\sqrt{n+1} + \sqrt{n})}{\sqrt{n+1} + \sqrt{n}}\\ &= \lim_{n\to\infty}\frac{n + 1 - n}{\sqrt{n+1} + \sqrt{n}} = \lim_{n\to\infty}\frac{1}{\sqrt{n+1} + \sqrt{n}} = 0\end{aligned}$$

(3)　分母の最高次数の項で分子・分母を割って考える．

$$\lim_{n\to\infty}\frac{3n^2 - 4n + 6}{n^2 + 3n} = \lim_{n\to\infty}\frac{3 - \dfrac{4}{n} + \dfrac{6}{n^2}}{1 + \dfrac{3}{n}} = \frac{3}{1} = 3$$

◇

問 8.　一般項が次の式で与えられる数列 $\{a_n\}$ の極限を求めよ．

(1) $a_n = 5n^2 - 3n^3$　　(2) $a_n = \sqrt{n^2 + n} - n$　　(3) $a_n = \dfrac{2n - 1}{n^2 + 1}$

2.5.2 無限等比数列

$$a,\ ar,\ ar^2,\ \cdots,\ ar^{n-1},\ \cdots$$

のような数列を初項 a $(\neq 0)$，公比 r の無限等比数列という．初項 r，公比 r の無限等比数列 $\{r^n\}$ の極限について，次のことが成り立つ．

無限等比数列 $\{r^n\}$ の極限

・$r > 1$ のとき　　$\lim_{n\to\infty} r^n = \infty$

・$r = 1$ のとき　　$\lim_{n\to\infty} r^n = 1$

・$|r|<1$ のとき　$\lim_{n\to\infty} r^n = 0$

・$r \leqq -1$ のとき　振動（極限はない）

このことから，無限等比数列 $\{ar^{n-1}\}$ の収束条件は以下のとおりである．

無限等比数列の収束条件

無限等比数列 $\{ar^{n-1}\}$　（初項 $a \neq 0$，公比 r）が収束するための必要十分条件は $-1 < r \leqq 1$ であり

・$|r|<1$ のとき　$\lim_{n\to\infty} a_n = 0$

・$r=1$ のとき　$\lim_{n\to\infty} a_n = a$（初項）

【注意】 ここで，$a=0$ の場合も収束し，$\lim_{n\to\infty} a_n = 0$ となる．

2.5.3 無限級数

〔1〕 無限級数

無限数列 $\{a_n\}$ が与えられたとき

$$a_1 + a_2 + \cdots + a_n + \cdots \tag{2.10}$$

の形の式を**無限級数**といい，$\sum_{n=1}^{\infty} a_n$ で表す．a_n をこの無限級数の第 n 項という．

級数 (2.10) の初項から第 n 項までの和

$$S_n = \sum_{k=1}^{n} a_k = a_1 + a_2 + a_3 + \cdots + a_n$$

を無限級数の第 n 項までの部分和という．部分和のつくる無限数列

$$S_1,\ S_2,\ S_3,\ \cdots,\ S_n,\ \cdots$$

が極限値 S に収束するとき，無限級数 (2.10) は収束するといい，S をこの無限級数の和という．これを

$$\sum_{n=1}^{\infty} a_n = S \qquad \text{または} \qquad a_1 + a_2 + a_3 + \cdots + a_n + \cdots = S$$

と書く．数列 $\{S_n\}$ が発散するとき，無限級数 (2.10) は発散するという．

無限級数 $\displaystyle\sum_{n=1}^{\infty} a_n$ が収束するならば，$\displaystyle\lim_{n\to\infty} a_n = 0$ である（逆は必ずしも成り立たない）．

〔2〕 無限等比級数

初項 a，公比 r の無限等比数列 $\{ar^{n-1}\}$ からつくられる無限級数

$$a + ar + ar^2 + \cdots + ar^{n-1} + \cdots \tag{2.11}$$

を，初項 a，公比 r の無限等比級数という．ここで，級数 (2.11) の初項から第 n 項までの部分和を S_n とし，数列 $\{S_n\}$ の収束，発散を考える．

・$a = 0$ のとき：　$S_n = 0$ であるから，$\displaystyle\lim_{n\to\infty} S_n = 0$ となる．

・$a \neq 0$ のとき：　r の値により以下のように分けられる．

(i)　$r = 1$ のとき

$S_n = na$ となり，$a \neq 0$ より $\displaystyle\lim_{n\to\infty} S_n$ は発散する．

(ii)　$r \neq 1$ のとき

等比数列の和の公式から

$$S_n = \sum_{k=1}^{n} ar^{n-1} = \frac{a(1-r^n)}{1-r}$$

$|r| < 1$ のとき，$\displaystyle\lim_{n\to\infty} r^n = 0$ となるので

$$\lim_{n\to\infty} S_n = \lim_{n\to\infty} \frac{a(1-r^n)}{1-r} = \frac{a}{1-r}$$

$r \leqq -1$ または $1 < r$ のとき，数列 $\{r^n\}$ は発散するので，

数列 $\{S_n\}$ も発散する．

無限等比級数の収束・発散

無限等比級数 $\displaystyle\sum_{k=1}^{\infty} ar^{n-1}$ の収束・発散は以下のようになる．

・$a \neq 0$ のとき

$|r| < 1$ ならば収束し，その和は $\dfrac{a}{1-r}$

$|r| \geqq 1$ ならば発散する

・$a = 0$ のとき　収束し，その和は 0

例題 2.9　次の無限等比級数の収束，発散について調べ，収束する場合は，その和を求めよ．

(1) $2-3+\dfrac{9}{2}-\dfrac{27}{4}+\cdots$　　(2) $1+\dfrac{1}{3}+\dfrac{1}{9}+\cdots$

【解答】　初項を a，公比を r とする．

(1)　$a=2$，$r=-3/2$ であり，$|r| \geqq 1$ なので，この無限等比級数は発散する．

(2)　$a=1$，$r=1/3$ であり，$|r|<1$ なので，この無限等比級数は収束する．その和を S とすると，　$S=\dfrac{1}{1-(1/3)}=\dfrac{3}{2}$　◇

問 9.　次の無限等比級数の収束，発散について調べ，収束する場合は，その和を求めよ．

(1) $1-\dfrac{2}{3}+\dfrac{4}{9}-\dfrac{8}{27}+\cdots$　　(2) $1+\sqrt{3}+3+3\sqrt{3}+\cdots$

2.6 漸　化　式

2.6.1 階　差　数　列

数列 $\{a_n\}$ に対して

$$b_n = a_{n+1}-a_n \qquad (n = 1, 2, 3, \cdots)$$

で与えられる数列 $\{b_n\}$ を，数列 $\{a_n\}$ の**階差数列**という．

$$\begin{array}{ccccccc} a_1 & & a_2 & & a_3 & & a_4 \cdots \\ & \diagdown\!\diagup & & \diagdown\!\diagup & & \diagdown\!\diagup & \\ & b_1 & & b_2 & & b_3 \cdots & \end{array}$$

ここで

$$\begin{aligned} b_1+b_2+b_3+\cdots+b_{n-1} &= (\cancel{a_2}-a_1)+(\cancel{a_3}-\cancel{a_2})+(\cancel{a_4}-\cancel{a_3})+\cdots+(a_n-\cancel{a_{n-1}}) \\ &= a_n-a_1 \end{aligned}$$

となることより，次のような関係式が導かれる．

階差数列と一般項

数列 $\{a_n\}$ の階差数列を $\{b_n\}$ とすると

$$a_n = a_1 + \sum_{k=1}^{n-1} b_k \qquad (n \geqq 2)$$

例題 2.10　次の数列 $\{a_n\}$ の一般項を求めよ．

$$1,\ 2,\ 5,\ 10,\ 17,\ 26,\ 37,\ \cdots$$

【解答】　$\{a_n\}$ の階差数列 $\{b_n\}$ は

$$1,\ 3,\ 5,\ 7,\ 9,\ 11,\ \cdots$$

であるから，初項 1，公差 2 の等差数列で

$$b_n = 1 + 2(n-1) = 2n-1$$

したがって，$n \geqq 2$ のとき

$$a_n = 1 + \sum_{k=1}^{n-1}(2k-1) = 1 + 2 \cdot \frac{1}{2}n(n-1) - (n-1) = n^2 - 2n + 2$$

また，$a_1 = 1$ であるから，これは $n=1$ のときにも成り立つ．

よって，$a_n = n^2 - 2n + 2$　◇

問 10.　次の数列 $\{a_n\}$ の一般項を求めよ．

(1) 2，7，16，29，46，67，⋯

(2) −1，0，2，6，14，30，62，⋯

2.6.2 漸　化　式

数列 $\{a_n\}$ が次の 2 つの条件を満たしているとする．

(I) $a_1 = 1$　　(II) $a_{n+1} = 2a_n + 1 \quad (n = 1, 2, 3, \cdots)$

このとき

$$a_1 = 1$$

$$a_2 = 2a_1 + 1 = 2 \cdot 1 + 1 = 3$$

$$a_3 = 2a_2 + 1 = 2 \cdot 3 + 1 = 7$$

$$\vdots$$

となり，$\{a_n\}$ の各項は順次定まる．

(II) のように，数列の項を順に定めていく規則を示す関係式を**漸化式**という．

特に，隣り合う 2 つの項の間の漸化式を 2 項間漸化式という．

今後，特に断らない限り，漸化式は $n = 1, 2, 3, \cdots$ で成り立つものとする．

以下，数列の初項と漸化式が与えられたときの一般項の求め方について考える．

〔1〕 等差数列と等比数列の漸化式

等差数列と等比数列は，次の条件によって定められる．

初項 a，公差 d の等差数列は　$a_1 = a, \quad a_{n+1} = a_n + d$

初項 a，公比 r の等比数列は　$a_1 = a, \quad a_{n+1} = r\,a_n$

例題 2.11　次のように定められる数列 $\{a_n\}$ の一般項を求めよ．

(1) $a_1 = 1, \quad a_{n+1} = a_n - 2$　　(2) $a_1 = 2, \quad a_{n+1} = 3a_n$

【解答】

(1) $\{a_n\}$ は，初項 1，公差 -2 の等差数列である．よって，

$a_n = 1 - 2(n-1) = -2n + 3$

(2) $\{a_n\}$ は，初項 2，公比 3 の等比数列である．よって，$a_n = 2 \cdot 3^{n-1}$　◇

問 11.　次のように定義される数列 $\{a_n\}$ の一般項を求めよ．

(1) $a_1 = 3$，$a_{n+1} = a_n + 2$　　(2) $a_1 = 3$，$a_{n+1} = 2a_n$

〔2〕 階差型の 2 項間漸化式

$a_{n+1} - a_n$ が n の式であるとき，階差数列を利用して一般項を求められることがある．

例題 2.12　次のように定められる数列 $\{a_n\}$ の一般項を求めよ．

$a_1 = 1, \qquad a_{n+1} = a_n + 2^n$

【解答】　数列 $\{a_n\}$ の階差数列 $\{b_n\}$ を考える．

$b_n = a_{n+1} - a_n$ とおくと，　$b_n = 2^n$

したがって，$n \geqq 2$ のとき

$$a_n = a_1 + \sum_{k=1}^{n-1} b_k = 1 + \sum_{k=1}^{n-1} 2^k = 1 + \frac{2(2^{n-1}-1)}{2-1} = 1 + 2^n - 2 = 2^n - 1$$

また，$a_1 = 1$ であるから，これは $n = 1$ のときにも成り立つ．

よって，　$a_n = 2^n - 1$　◇

問 12.　次のように定められる数列 $\{a_n\}$ の一般項を求めよ．

(1) $a_1 = 3$，$a_{n+1} = a_n + (-2)^n$　　(2) $a_1 = 2$，$a_{n+1} = a_n + n + 2$

〔3〕　$a_{n+1} = pa_n + q$ の形の漸化式

次の例を用いて，数列 $\{a_n\}$ の一般項の求め方を考える．

例 2.1　　$a_1 = 3$，　$a_{n+1} = 3a_n - 2$

で定められる数列 $\{a_n\}$ の一般項を求める．

いま，$a_{n+1} = 3a_n - 2$ の両辺から 1 を引くと

$$a_{n+1} - 1 = 3a_n - 3 = 3(a_n - 1)$$

となる．したがって，数列 $\{a_n - 1\}$ は，初項 $a_1 - 1\,(= 2)$，公比 3 の等比数列となり

$$a_n - 1 = 2 \cdot 3^{n-1}$$

よって，　$a_n = 2 \cdot 3^{n-1} + 1$

一般に，p，q が 0 でない定数で，$p \neq 1$ のとき，漸化式が

$$a_{n+1} = pa_n + q \tag{2.12}$$

で表される数列 $\{a_n\}$ について考える．

例 2.1 のように

$$a_{n+1} - \alpha = p(a_n - \alpha) \tag{2.13}$$

の形に変形することができれば，数列 $\{a_n - \alpha\}$ は，初項 $a_1 - \alpha$，公比 p の等比数列となる．これより，数列 $\{a_n\}$ の一般項を求めることができる．

式 (2.13) を整理すると

$$a_{n+1} = pa_n - p\alpha + \alpha \tag{2.14}$$

式 (2.12) と式 (2.14) より，α を求めるには

$$q = -p\alpha + \alpha \tag{2.15}$$

を解けばよいことがわかる．

なお，式 (2.15) は　$\alpha = p\alpha + q$ と書けるが，これは，式 (2.12) で a_{n+1}，a_n を α とした式である．

例題 2.13　次のように定められる数列 $\{a_n\}$ の一般項を求めよ．

$$a_1 = 1, \qquad a_{n+1} = 2a_n - 3$$

【解答】　$\alpha = 2\alpha - 3$ を解いて，$\alpha = 3$

これより，$a_{n+1} = 2a_n - 3$ を変形して

$$a_{n+1} - 3 = 2(a_n - 3)$$

したがって，数列 $\{a_n - 3\}$ は，初項 $a_1 - 3\,(= -2)$，公比 2 の等比数列となり

$$a_n - 3 = -2 \cdot 2^{n-1}$$

よって，　$a_n = -2^n + 3$　◇

問 13.　次のように定められる数列 $\{a_n\}$ の一般項を求めよ．

(1) $a_1 = 4$，$a_{n+1} = 3a_n - 4$　　(2) $a_1 = 5$，$a_{n+1} = -2a_n + 12$

コーヒーブレイク：利息計算と数列

金融商品には，利息を単利法で計算するものと複利法で計算するものがある．

単利法とは，毎回，当初の元金に対してのみ利息を計算する方法である．

これに対して複利法とは，一定期間の終わりごとに利息を元金に繰り入れ，その合計額を次の期間の元金として利息を計算する方法をいう．

単利法と複利法の違いをみていくために，元金 100 万円を次の A，B の金融商品で 10 年間運用する場合について考えてみよう．

〔A〕 単利の定期預金

元金 100 万円を年利 3%，1 年ごとの単利の定期預金で 10 年間運用する場合，1 年後に発生する利息は

$$100 \times 0.03 = 3 \text{（万円）}$$

単利法では，利息は最初に預けた 100 万円に対してのみ発生するので，毎年 3 万円ずつ発生していく．よって，n 年後の元利合計額は，$a_n = 100 + 3n$（万円）で表される．これは，初項 $a_0 = 100$，公差 3 の等差数列である．これより，10 年後の元利合計額は，130 万円と求められる．

〔B〕 複利の定期預金

元金 100 万円を年利 3%，1 年ごとの複利の定期預金で 10 年間運用する場合，1 年目の終わりに発生する利息は単利の場合と同様，3 万円である．すなわち，元利合計額

$$100 \times 1.03 = 103 \text{（万円）}$$

を 2 年目に運用することになる．2 年目の終わりの元利合計額は

$$103 \times 1.03 = 100 \times 1.03^2 \text{（万円）}$$

となる．同様に，n 年目の終わりの元利合計額は

$$100 \times 1.03^n \text{（万円）}$$

で表される．これは，初項 $a_0 = 100$，公比 1.03 の等比数列である．したがって，元金 100 万円を年利 3% の複利の定期預金で 10 年間運用したときの元利合計額は，$1.03^{10} = 1.3439$ とすれば

$$100 \times 1.03^{10} = 134.39 \text{（万円）}$$

となる．

A と B を比べると，同じ 100 万円を年利 3% で 10 年間運用したとき，単利の定期預金よりも複利の方が 43900 円多く利息を受け取ることができるとわかる．

一般に，運用期間が長ければ長いほど，複利の方が単利よりも多くの利息を受け取ることができる．

コーヒーブレイク：乗数効果と無限等比級数

各家計は，所得が 1 単位（例えば 1 万円）増加したときにそのうちの c を消費し，$1-c$ を貯蓄に回すとする（ただし，$0<c<1$ ）．

ここで，投資を増やすことによる経済効果を考えると

企業や政府が x 円の投資を行う

$\longrightarrow$　全家計の所得の合計値が x 円増加する　(= 所得増)

$\longrightarrow$　家計は，x 円のうちの cx 円を消費に回す　(= 消費増)

$\longrightarrow$　cx 円が企業の収入となり，それが給与という形で再び各家計に入る　(= 所得増)

$\longrightarrow$　家計はこの cx 円を 1 としたときの割合 c に当たる c^2x 円を消費に回す　(= 消費増)

$\longrightarrow$　この c^2x 円が企業経由で家計に入る　(= 所得増)

$\longrightarrow$　消費増 $\longrightarrow$ 所得増 $\longrightarrow$ 消費増 $\longrightarrow$ 所得増 $\longrightarrow$ $\cdots$

という形で繰り返される．

このサイクルにおける所得の増加をすべて合計すると

$$x+cx+c^2x+c^3x+\cdots = \frac{x}{1-c}$$

となる．ここで左辺は，初項 x，公比 c $(0<c<1)$ の無限等比級数であるので，収束して和が求められる．

したがって，最初に行われた投資 x の $\dfrac{1}{1-c}$ 倍だけ全体で所得が増加することになる．この $\dfrac{1}{1-c}$ を乗数という．例えば，$c=0.9$ のとき，$\dfrac{1}{1-0.9}=10$ であるので，最初の投資額の 10 倍もの所得増となる．

このように，もとの投資額に対して，その $\dfrac{1}{1-c}$ 倍所得が増加する現象のことを乗数効果という．

3章　1変数関数の微分

3.1　関数の極限

3.1.1　関数の極限

関数 $y = f(x)$ において，x が a と異なる値をとりながら a に限りなく近づくとき，それに応じて $f(x)$ の値が一定の値 α に限りなく近づくことを

$$\lim_{x \to a} f(x) = \alpha \qquad \text{または} \qquad f(x) \to \alpha \quad (x \to a)$$

と表し，α を $x \to a$ のときの関数 $f(x)$ の**極限値**または**極限**という．
また，このとき，$f(x)$ は α に**収束**するという．

関数の極限値の性質

$\lim_{x \to a} f(x) = \alpha$，$\lim_{x \to a} g(x) = \beta$ とする．

(i)　$\lim_{x \to a} cf(x) = c\alpha$　　（c は定数）

(ii)　$\lim_{x \to a} \{f(x) \pm g(x)\} = \alpha \pm \beta$　　（複号同順）

(iii)　$\lim_{x \to a} f(x)g(x) = \alpha\beta$

(iv)　$\lim_{x \to a} \dfrac{f(x)}{g(x)} = \dfrac{\alpha}{\beta}$　　（ただし $\beta \neq 0$）

(v)　x が a に近いとき，つねに $f(x) \leqq g(x)$ ならば　　$\alpha \leqq \beta$

(vi)　x が a に近いとき，つねに $f(x) \leqq h(x) \leqq g(x)$ かつ $\alpha = \beta$ ならば

$$\lim_{x \to a} h(x) = \alpha$$

x の多項式で表される関数や，分数関数，無理関数，指数関数，対数関数などの関数 $f(x)$ については，a が関数の定義域に属するとき

$$\lim_{x \to a} f(x) = f(a)$$

が成り立つ．

例題 3.1　次の極限を求めよ．

(1) $\displaystyle\lim_{x \to 1} \sqrt{3x+1}$　　(2) $\displaystyle\lim_{x \to 2} \frac{x^2-4}{x-2}$

(3) $\displaystyle\lim_{x \to 0} \frac{1-\sqrt{1-x^2}}{x^2}$　　(4) $\displaystyle\lim_{x \to 0} \frac{1}{x}\left(1+\frac{3}{x-3}\right)$

【解答】

(1) $\displaystyle\lim_{x \to 1} \sqrt{3x+1} = \sqrt{4} = 2$

(2) $\displaystyle\lim_{x \to 2} \frac{x^2-4}{x-2} = \lim_{x \to 2} \frac{(x-2)(x+2)}{x-2} = \lim_{x \to 2}(x+2) = 4$

(3)
$$\lim_{x \to 0} \frac{1-\sqrt{1-x^2}}{x^2} = \lim_{x \to 0} \frac{(1-\sqrt{1-x^2})(1+\sqrt{1-x^2})}{x^2(1+\sqrt{1-x^2})}$$
$$= \lim_{x \to 0} \frac{1-(1-x^2)}{x^2(1+\sqrt{1-x^2})} = \lim_{x \to 0} \frac{1}{1+\sqrt{1-x^2}} = \frac{1}{2}$$

(4) $\displaystyle\lim_{x \to 0} \frac{1}{x}\left(1+\frac{3}{x-3}\right) = \lim_{x \to 0} \frac{1}{x} \cdot \frac{(x-3)+3}{x-3} = \lim_{x \to 0} \frac{1}{x-3} = -\frac{1}{3}$　◇

問 1.　次の極限を求めよ．

(1) $\displaystyle\lim_{x \to -1} (x^3-2x+2)$　　(2) $\displaystyle\lim_{x \to -2} \sqrt{2-x}$

(3) $\displaystyle\lim_{x \to 2} \frac{x^2+2x-8}{x^2-2x}$　　(4) $\displaystyle\lim_{x \to -1} \frac{x^3+1}{x+1}$

(5) $\displaystyle\lim_{x \to 0} \frac{1}{x}\left(1-\frac{2}{x+2}\right)$　　(6) $\displaystyle\lim_{x \to 0} \frac{1}{x}\left(2+\frac{6}{x-3}\right)$

(7) $\displaystyle\lim_{x \to 2} \frac{\sqrt{x+7}-3}{x-2}$　　(8) $\displaystyle\lim_{x \to 1} \frac{2\sqrt{x}-\sqrt{3x+1}}{x-1}$

次に，関数 $f(x)$ の極限が有限な値でない場合について考える．

関数 $f(x)$ において $x \to a$ のとき，$f(x)$ の値が正で限りなく大きくなるならば，$f(x)$ は正の無限大に発散するといい

$$\lim_{x \to a} f(x) = \infty \qquad \text{または} \qquad f(x) \to \infty \quad (x \to a)$$

と書く．このとき，$f(x)$ の極限は ∞ であるともいう．

同様に，関数 $f(x)$ において $x \to a$ のとき，$f(x)$ の値が負で絶対値が限りなく大きくなるならば，$f(x)$ は負の無限大に発散するといい

$$\lim_{x \to a} f(x) = -\infty \qquad \text{または} \qquad f(x) \to -\infty \quad (x \to a)$$

と書く．このとき，$f(x)$ の極限は $-\infty$ であるともいう．

$\lim_{x \to a} f(x) = \infty$，$\lim_{x \to a} g(x) = \infty$ であるとき

$$\lim_{x \to a} \{f(x) + g(x)\} = \infty$$

$$\lim_{x \to a} f(x)g(x) = \infty$$

$$\lim_{x \to a} \frac{k}{f(x)} = 0 \qquad (k \text{ は定数})$$

が成り立つ．

変数 x が限りなく大きくなることを $x \to \infty$，または $x \to +\infty$ で表す．

変数 x が負であって，その絶対値が限りなく大きくなることを $x \to -\infty$ で表す．

$x \to \infty$ のとき，$f(x)$ の値が一定の値 α に限りなく近づくならば，この α を $x \to \infty$ のときの関数 $f(x)$ の極限値または極限といい

$$\lim_{x \to \infty} f(x) = \alpha \qquad \text{または} \qquad f(x) \to \alpha \quad (x \to \infty)$$

と表す．

$x \to -\infty$ のときについても同様である．

例えば，関数 $f(x) = \dfrac{1}{x}$ について

$$\lim_{x \to \infty} \frac{1}{x} = 0, \qquad \lim_{x \to -\infty} \frac{1}{x} = 0$$

となる（図 **3.1** 参照）．

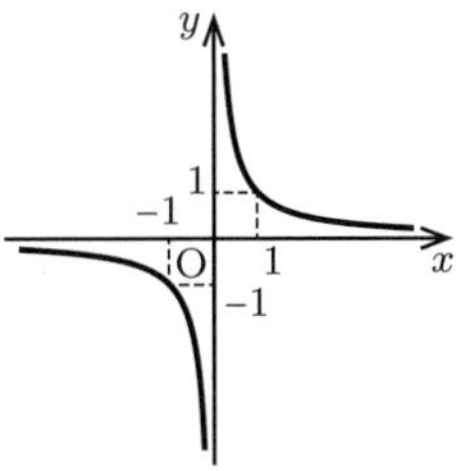

図 3.1　$y = \dfrac{1}{x}$ のグラフ

例題 3.2　次の極限を求めよ．

(1) $\displaystyle\lim_{x \to \infty} \frac{1}{x-3}$　　(2) $\displaystyle\lim_{x \to -\infty} (x^3 + 2x^2 - 3x + 4)$　　(3) $\displaystyle\lim_{x \to \infty} \frac{2+x^2}{1-x^2}$

【解答】

(1) $\displaystyle\lim_{x\to\infty}\frac{1}{x-3}=0$

(2) $\displaystyle\lim_{x\to-\infty}(x^3+2x^2-3x+4)=\lim_{x\to-\infty}x^3\left(1+\frac{2}{x}-\frac{3}{x^2}+\frac{4}{x^3}\right)=-\infty$

(3) $\displaystyle\lim_{x\to\infty}\frac{2+x^2}{1-x^2}=\lim_{x\to\infty}\frac{(2/x^2)+1}{(1/x^2)-1}=-1$ ◇

問 2.　次の極限を求めよ．

(1) $\displaystyle\lim_{x\to\infty}\left(1-\frac{1}{x^4}\right)$　(2) $\displaystyle\lim_{x\to\infty}(x^4-x^3+x^2)$　(3) $\displaystyle\lim_{x\to\infty}\left(x-\frac{1}{x^2}\right)$

(4) $\displaystyle\lim_{x\to-\infty}\frac{8x^3+1}{x^3+x+1}$　(5) $\displaystyle\lim_{x\to\infty}\frac{x^2+1}{x^3-1}$

3.1.2 片側極限

x が a より大きい値をとりながら a に限りなく近づくことを　$x\to a+0$

x が a より小さい値をとりながら a に限りなく近づくことを　$x\to a-0$

と表す．

特に $a=0$ のときは，単に　$x\to+0$,　$x\to-0$　と表す．

$x\to a+0$ のときの極限 $\displaystyle\lim_{x\to a+0}f(x)$ を**右側極限**，

$x\to a-0$ のときの極限 $\displaystyle\lim_{x\to a-0}f(x)$ を**左側極限**　という．

これらをあわせて**片側極限**という．

例 3.1　関数 $f(x)=\dfrac{x^2+x}{|x|}$ は

$x>0$ のとき

$$f(x)=\frac{x^2+x}{x}=x+1$$

$x<0$ のとき

$$f(x)=\frac{x^2+x}{-x}=-x-1$$

であるから（**図 3.2** 参照），

$$\lim_{x\to+0}f(x)=1,\quad \lim_{x\to-0}f(x)=-1$$

このように，右側極限と左側極限が一致しないとき，

$x\to0$ のときの $f(x)$ の極限は存在しない．

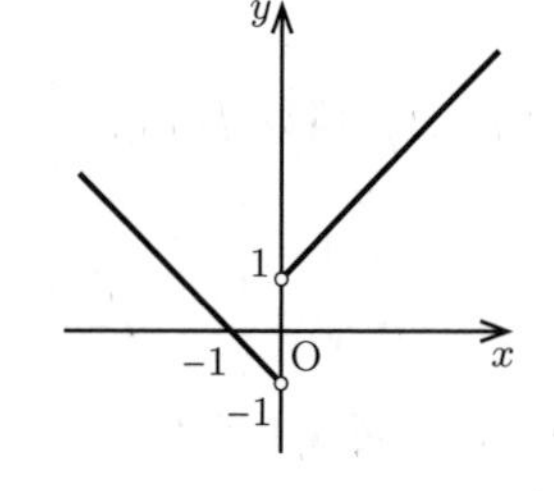

図 3.2　$y=\dfrac{x^2+x}{|x|}$ のグラフ

一般に次が成り立つ.

$$\lim_{x\to a+0} f(x) = \lim_{x\to a-0} f(x) = \alpha \iff \lim_{x\to a} f(x) = \alpha$$

3.1.3 指数関数，対数関数の極限

指数関数 $y = a^x$（図 **3.3** 参照）において

$a > 1$ のとき

$$\lim_{x\to\infty} a^x = \infty, \quad \lim_{x\to-\infty} a^x = 0$$

$0 < a < 1$ のとき

$$\lim_{x\to\infty} a^x = 0, \quad \lim_{x\to-\infty} a^x = \infty$$

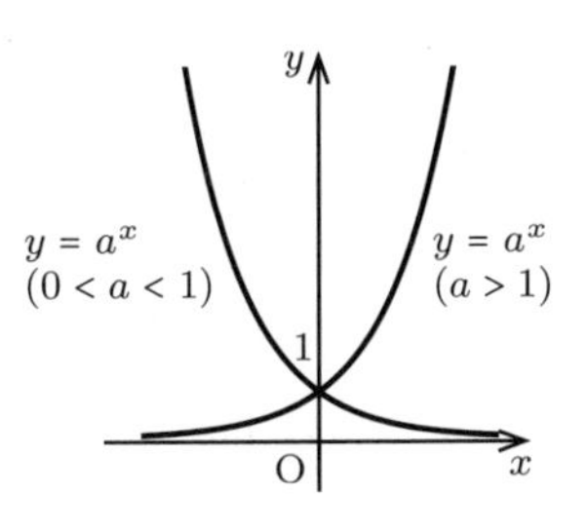

図 **3.3** 指数関数のグラフ

対数関数 $y = \log_a x$（図 **3.4** 参照）において

$a > 1$ のとき

$$\lim_{x\to\infty} \log_a x = \infty, \quad \lim_{x\to+0} \log_a x = -\infty$$

$0 < a < 1$ のとき

$$\lim_{x\to\infty} \log_a x = -\infty, \quad \lim_{x\to+0} \log_a x = \infty$$

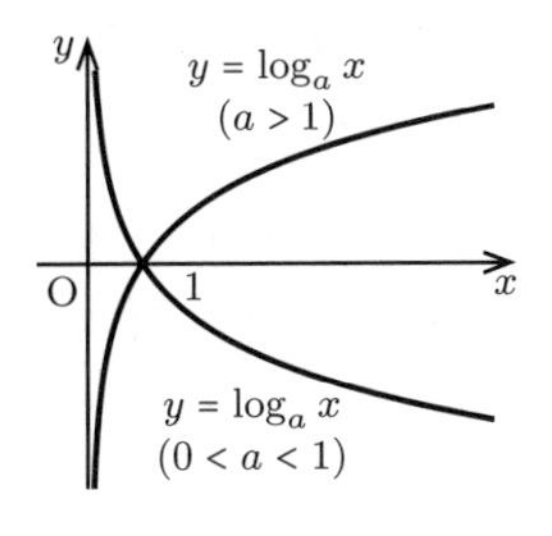

図 **3.4** 対数関数のグラフ

いま，関数 $y = x^n$ $(n > 0)$，指数関数 $y = a^x$ $(a > 1)$，対数関数 $y = \log_b x$（$b > 1$）について，$x \to \infty$ のときの極限を考える.

$$\lim_{x\to\infty} x^n = \infty, \quad \lim_{x\to\infty} a^x = \infty, \quad \lim_{x\to\infty} \log_b x = \infty$$

が成り立ち，いずれも極限は ∞ となるが，それぞれが発散する速さは異なる. すなわち，x^n，a^x，$\log_b x$ の間で次の式が成り立つ.

$$\lim_{x\to\infty} \frac{a^x}{x^n} = \infty, \quad \lim_{x\to\infty} \frac{x^n}{a^x} = 0, \quad \lim_{x\to\infty} \frac{x^n}{\log_b x} = \infty, \quad \lim_{x\to\infty} \frac{\log_b x}{x^n} = 0$$

したがって，x が十分大きいとき，次のような大小関係が成り立つ.

$$\log_b x \quad \ll \quad x^n \quad \ll \quad a^x$$

ここで，「$A \ll B$」は「A は B より非常に小さい」という意味で用いている.

例題 3.3　次の極限を求めよ.

(1) $\displaystyle\lim_{x\to\infty}\frac{3^x+2^x}{2^x}$　　(2) $\displaystyle\lim_{x\to\infty}\frac{\log_2 x}{x}$

【解答】

(1) $\displaystyle\lim_{x\to\infty}\frac{3^x+2^x}{2^x}=\lim_{x\to\infty}\frac{(3/2)^x+1}{1}=\infty$

(2) x が十分大きいとき，$\log_2 x \ll x$ なので，$\displaystyle\lim_{x\to\infty}\frac{\log_2 x}{x}=0$　◇

問 3.　次の極限を求めよ.

(1) $\displaystyle\lim_{x\to\infty}\frac{3^x-7^x}{7^x}$　　(2) $\displaystyle\lim_{x\to-\infty}\frac{3^x+4^x}{5^x}$　　(3) $\displaystyle\lim_{x\to\infty}\frac{3^x}{x^9}$

3.1.4 関数の連続性

関数 $f(x)$ において，その定義域の x の値 a に対して極限値 $\displaystyle\lim_{x\to a}f(x)$ が存在し，かつ

$$\lim_{x\to a}f(x)=f(a)$$

が成り立つとき，$f(x)$ は $x=a$ で**連続**であるという．このとき，$y=f(x)$ のグラフは $x=a$ でつながっている.

不等式

$$a<x<b,\qquad a\leqq x<b,\qquad a<x\leqq b,\qquad a\leqq x\leqq b$$

を満たす実数 x の値の範囲を**区間**といい，それぞれ記号

$$(a,b),\qquad [a,b),\qquad (a,b],\qquad [a,b]$$

で表す．(a,b) を**開区間**，$[a,b]$ を**閉区間**という.

また，不等式

$$a<x,\qquad a\leqq x,\qquad x<b,\qquad x\leqq b$$

を満たす実数 x の値の範囲も区間といい，それぞれ記号

$$(a,\infty),\qquad [a,\infty),\qquad (-\infty,b),\qquad (-\infty,b]$$

で表す．実数全体も 1 つの区間と考え，$\mathbb{R}=(-\infty,\infty)$ で表す.

関数 $f(x)$ がある区間 I に属するすべての点で連続であるとき，$f(x)$ は区間 I で連続であるという．ある区間で連続な関数のグラフは，その区間におい

て切れ目のないひとつながりの曲線になっている．

一般に，関数 $f(x)$ が定義域のすべての点で連続であるとき，$f(x)$ は**連続関数**であるという．多項式で表される関数や分数関数，無理関数，指数関数，対数関数などは連続関数である．

関数の極限値の性質から，連続関数について次の性質が成り立つ．

関数の連続性

関数 $f(x)$，$g(x)$ が $x = a$ で連続であるとき，次の関数も $x = a$ で連続である．

(i) $cf(x)$ （c は定数） (ii) $f(x) \pm g(x)$

(iii) $f(x)g(x)$ (iv) $\dfrac{f(x)}{g(x)}$ （ただし $g(a) \neq 0$）

また，閉区間で連続な関数について，次の性質が成り立つ．

連続関数の性質

閉区間で連続な関数は，その閉区間で最大値および最小値をもつ．

これに対して，開区間で連続な関数は，その開区間で，最大値や最小値を必ずしももつとは限らない．

関数 $f(x)$ が閉区間 $[a, b]$ で連続ならば，この関数のグラフは点 $(a, f(a))$ と点 $(b, f(b))$ を結ぶひとつながりの曲線である．したがって，次の定理が成り立つ（図 **3.5** 参照）．

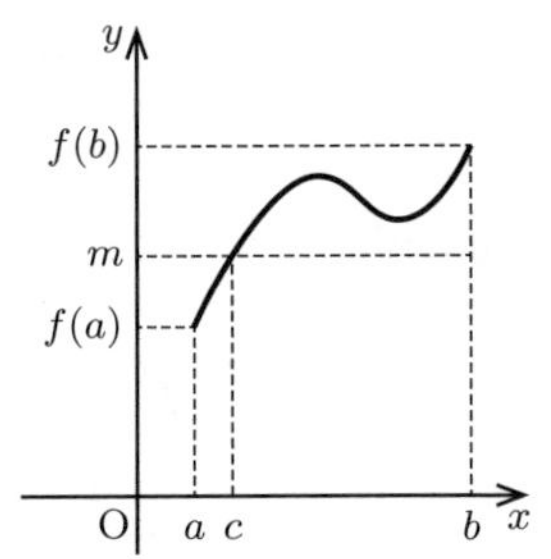

図 **3.5** 中間値の定理

中間値の定理

関数 $f(x)$ が閉区間 $[a, b]$ で連続で，$f(a) \neq f(b)$ ならば，$f(a)$ と $f(b)$

の間の任意の実数 m に対して

$$f(c) = m \qquad (a < c < b)$$

を満たす実数 c が少なくとも1つ存在する.

3.2 微分係数と導関数

3.2.1 微分係数

関数 $y = f(x)$ において, x の値が a から b まで変化するとき, x の変化量 $b - a$ に対する y の変化量 $f(b) - f(a)$ の割合

$$\frac{f(b) - f(a)}{b - a} \tag{3.1}$$

を, x が a から b まで変化するときの関数 $f(x)$ の平均変化率という.

ここで, $b - a = h$ とおくと, $b = a + h$ となり, 平均変化率は次のように書ける.

$$\frac{f(a+h) - f(a)}{h} \tag{3.2}$$

いま, $h \to 0$ のとき, 式 (3.2) が極限値をもつならば, その値を $f'(a)$ と書き, $x = a$ における $f(x)$ の**微分係数**という.

微分係数

$$f'(a) = \lim_{h \to 0} \frac{f(a+h) - f(a)}{h} \tag{3.3}$$

微分係数 $f'(a)$ が存在するとき, $f(x)$ は $x = a$ で**微分可能**であるという. また, $f(x)$ が開区間 I のすべての点で微分可能であるとき, $f(x)$ は I で微分可能であるという. 以後, 微分可能性を考えるときの区間は, 開区間とする.

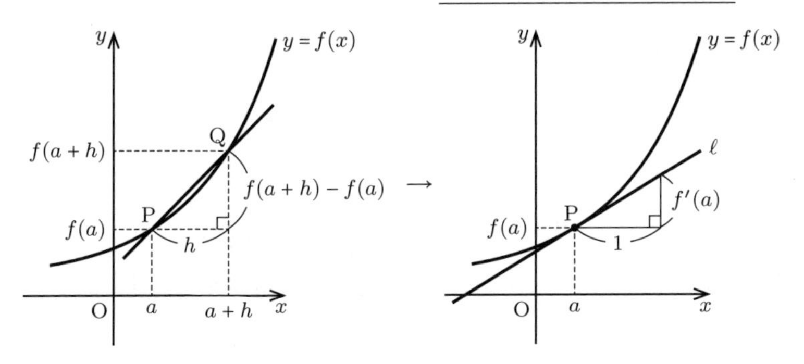

図 **3.6** 微分係数 $f'(a)$ の図形的意味

ここで，微分係数 $f'(a)$ の図形的意味を考える（**図 3.6** 参照）.

関数 $f(x)$ において，x が a から $a+h$ まで変化したときの $f(x)$ の平均変化率を表す式 (3.2) は，曲線 $y=f(x)$ 上の 2 点 $\mathrm{P}(a, f(a))$ と $\mathrm{Q}(a+h, f(a+h))$ を結ぶ直線の傾きに等しい．$h \to 0$ のとき，点 Q は曲線上を移動しながら，点 P に限りなく近づくので，直線 PQ は，点 P を通り傾きが $f'(a)$ の直線 ℓ に限りなく近づく.

この直線 ℓ を，曲線 $y=f(x)$ 上の点 P における**接線**といい，P を接点という.

以上より，次のことが成り立つ.

接線の傾きと微分係数

曲線 $y=f(x)$ 上の点 $(a, f(a))$ における接線の傾きは，関数 $f(x)$ の $x=a$ における微分係数 $f'(a)$ で表される.

微分可能な関数について，次のことが成り立つ.

微分可能性と連続

関数 $f(x)$ が $x=a$ で微分可能ならば，$x=a$ で連続である.

証明　関数 $f(x)$ が $x=a$ で微分可能なので，$f'(a)$ が存在して

$$\lim_{x\to a}\{f(x)-f(a)\}=\lim_{x\to a}\left\{\frac{f(x)-f(a)}{x-a}\cdot(x-a)\right\}=f'(a)\cdot 0=0$$

よって　$\displaystyle\lim_{x\to a}f(x)=f(a)$

これより，$f(x)$ は $x=a$ で連続である．□

なお，関数 $f(x)$ が $x=a$ で連続であっても，$x=a$ で微分可能とは限らない．

例 3.2　関数 $f(x)=|x|$ は $x=0$ で連続である（**図 3.7** 参照）．ここで

$$\frac{f(0+h)-f(0)}{h}=\frac{|h|}{h}$$

となるので，右側極限，左側極限はそれぞれ

$$\lim_{h\to +0}\frac{h}{h}=1,\qquad \lim_{h\to -0}\frac{-h}{h}=-1$$

これより，$f'(0)$ は存在しない．したがって，$f(x)$ は $x=0$ で微分可能でない．

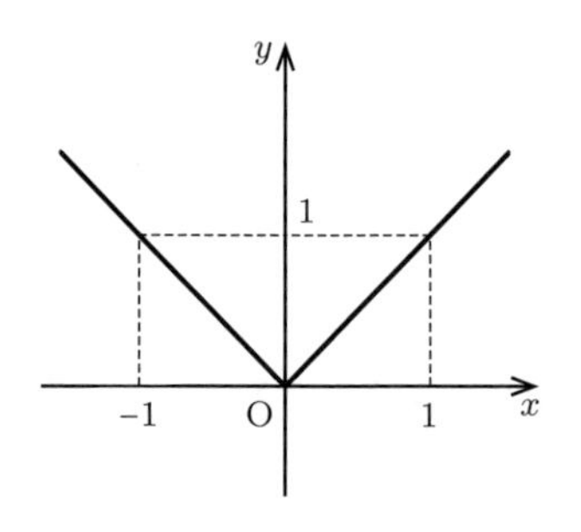

図 3.7　$y=|x|$ のグラフ

3.2.2 導　関　数

一般に，関数 $f(x)$ が与えられたとき，x の値 a に対して，微分係数 $f'(a)$ を対応させる関数を $f(x)$ の**導関数**といい，記号 $f'(x)$ で表す．

導関数

$$f'(x)=\lim_{h\to 0}\frac{f(x+h)-f(x)}{h} \tag{3.4}$$

関数 $f(x)$ の導関数 $f'(x)$ を求めることを，$f(x)$ を x について微分するという．

また，関数 $y = f(x)$ において，x の増分 Δx に対する y の増分 $f(x+\Delta x) - f(x)$ を Δy とすると†，導関数は次のように表すことができる．

$$f'(x) = \lim_{\Delta x \to 0} \frac{\Delta y}{\Delta x} = \lim_{\Delta x \to 0} \frac{f(x+\Delta x) - f(x)}{\Delta x}$$

関数 $y = f(x)$ の導関数は，次のような記号で表す．

$$f'(x),\quad y',\quad \{f(x)\}',\quad \frac{dy}{dx},\quad \frac{d}{dx}f(x)$$

関数 $f(x)$，$g(x)$ が微分可能であるとき，その導関数について，次のことが成り立つ．

導関数の性質

(i) $\{cf(x)\}' = cf'(x)$　　(c は定数)

(ii) $\{f(x) \pm g(x)\}' = f'(x) \pm g'(x)$　　(複号同順)

変数が x，y 以外の文字で表されている場合にも，導関数については，同様に取り扱う．例えば，関数 $u = f(t)$ の導関数を $f'(t)$，u'，$\dfrac{du}{dt}$，$\dfrac{d}{dt}f(t)$ などで表す．

3.3　整式の微分と応用

3.3.1　整式の微分

定義に基づき，以下の関数の導関数を求める．

(i)　関数 $y = x$ の導関数

$$y' = \lim_{h \to 0} \frac{(x+h) - x}{h} = \lim_{h \to 0} \frac{h}{h} = 1$$

† Δ はギリシャ文字の大文字のデルタである．

(ii)　関数 $y = x^2$ の導関数

$$y' = \lim_{h \to 0} \frac{(x+h)^2 - x^2}{h} = \lim_{h \to 0} \frac{2xh + h^2}{h} = \lim_{h \to 0}(2x + h) = 2x$$

(iii)　関数 $y = x^3$ の導関数

$$\begin{aligned} y' &= \lim_{h \to 0} \frac{(x+h)^3 - x^3}{h} = \lim_{h \to 0} \frac{3x^2h + 3xh^2 + h^3}{h} \\ &= \lim_{h \to 0}(3x^2 + 3xh + h^2) = 3x^2 \end{aligned}$$

(iv)　定数関数 $y = c$ の導関数 †

$$y' = \lim_{h \to 0} \frac{c - c}{h} = \lim_{h \to 0} \frac{0}{h} = 0$$

すなわち

$$(x)' = 1, \qquad (x^2)' = 2x, \qquad (x^3)' = 3x^2, \qquad (c)' = 0$$

が成り立つ.

一般に次のことが成り立つ.

x^n の導関数

n が正の整数のとき　　$(x^n)' = nx^{n-1}$

定数関数の導関数

c が定数のとき　　$(c)' = 0$

関数 x^n の導関数の公式と，導関数の性質を用いると，x の整式で表された関数の導関数を求めることができる.

例題 3.4　次の関数を微分せよ.

(1) $y = -2x^2 + 5$　　(2) $y = x^3 - 5x^2 + 4$

(3) $y = (2x - 3)^2$　　(4) $y = 2x^4 - 3x - 1$

【解答】

(1)　$y' = -2 \cdot (x^2)' + (5)' = -2 \cdot 2x + 0 = -4x$

† c を定数とするとき，$f(x) = c$ の形の関数を定数関数という.

(2) $y' = (x^3)' - 5 \cdot (x^2)' + (4)' = 3x^2 - 5 \cdot 2x + 0 = 3x^2 - 10x$

(3) $y = (2x-3)^2 = 4x^2 - 12x + 9$ より

$y' = 4 \cdot (x^2)' - 12 \cdot (x)' + (9)' = 4 \cdot 2x - 12 \cdot 1 + 0 = 8x - 12$

(4) $y' = 2 \cdot (x^4)' - 3 \cdot (x)' - (1)' = 2 \cdot 4x^3 - 3 \cdot 1 - 0 = 8x^3 - 3$ ◊

問 4. 次の関数を微分せよ.

(1) $y = 3x - 4$　　(2) $y = -3x^2 + 5x + 7$

(3) $y = -\dfrac{2}{3}x^3 + x^2 - \dfrac{3}{2}$　　(4) $y = x(x+1)^2$

(5) $y = (x^2+3)(3x-4)$　　(6) $y = -x^4 + 2x^3 + 5$

関数 $f(x)$ の導関数 $f'(x)$ が求められると，x に a を代入することにより $x = a$ における微分係数 $f'(a)$ が計算できる.

例題 3.5　関数 $f(x) = 2x^3 - x^2 + 3$ について，$f'(2)$，$f'(-1)$ を求めよ.

【解答】 $f'(x) = 6x^2 - 2x$ より

$f'(2) = 6 \cdot 2^2 - 2 \cdot 2 = 20$

$f'(-1) = 6 \cdot (-1)^2 - 2 \cdot (-1) = 8$ ◊

問 5. 次の関数について，$f'(2)$，$f'(-1)$ を求めよ.

(1) $f(x) = -x^3 + 4x - 1$　　(2) $f(x) = \dfrac{1}{2}x^4 + 3x$

3.3.2 整式の微分の応用（接線，極値）

本項では，関数 $f(x)$ が整式で表される場合のみを扱う．$f(x)$ が無理関数，分数関数，指数関数などのときの例題については，3.8 節を参照してほしい.

〔1〕 接線の方程式

3.2.1 項でみたように，関数 $f(x)$ の $x = a$ における微分係数 $f'(a)$ は，曲線 $y = f(x)$ 上の点 $(a, f(a))$ における接線の傾きを表している.

よって，曲線上の点における接線の方程式は，以下のように求められる.

接線の方程式

曲線 $y = f(x)$ 上の点 $(a, f(a))$ における接線の方程式は

$$y - f(a) = f'(a)(x - a)$$

例題 3.6　曲線 $y = x^2 - x + 3$ 上で x 座標が 2 である点における接線の方程式を求めよ.

【解答】　$f(x) = x^2 - x + 3$ とおくと, $f(2) = 5$ となるので, 曲線上の点 $(2, 5)$ における接線の方程式を求める.

$f'(x) = 2x - 1$ より, $f'(2) = 2 \cdot 2 - 1 = 3$

よって, 点 $(2, 5)$ における接線の傾きは 3 であり, その方程式は

$$y - 5 = 3(x - 2) \qquad \text{すなわち} \qquad y = 3x - 1$$

◇

問 6.　次の曲線上の x 座標が 1 である点における接線の方程式を求めよ.

(1) $y = -2x^2 + 1$　　(2) $y = x^2 - 2x + 3$

(3) $y = x^3 + x^2 - 2$　　(4) $y = -x^3 + 4x$

〔2〕 関数の増減と極値

関数 $f(x)$ において, ある区間の任意の値 x_1, x_2 に対し

$$x_1 < x_2 \quad \Rightarrow \quad f(x_1) < f(x_2)$$

が成り立つとき, $f(x)$ はその区間で増加するといい,

$$x_1 < x_2 \quad \Rightarrow \quad f(x_1) > f(x_2)$$

が成り立つとき, $f(x)$ はその区間で減少するという.

関数 $y = f(x)$ のグラフ上の点 P $(a, f(a))$ における接線の傾きは $f'(a)$ である. **図 3.8** のように, 点 P における接線の傾きが正であれば, 関数 $y = f(x)$ は $x = a$ の近くで増加, 接線の傾きが負であれば, $y = f(x)$ は $x = a$ の近くで減少している.

よって, 関数の増減は導関数 $f'(x)$ の符号と結びつけて考えることができる.

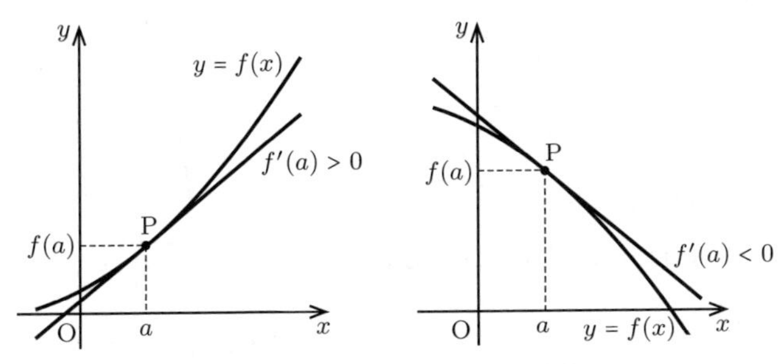

図 3.8 接線の傾きと関数の増減

また，関数 $f(x)$ がある区間でつねに $f'(x)=0$ ならば，関数のグラフはその区間で x 軸に平行な直線になる．

以上より，次のことがいえる．

導関数の符号と関数の増減

関数 $y=f(x)$ がある区間で

・つねに $f'(x)>0$ ならば，$f(x)$ はその区間で増加する．

・つねに $f'(x)<0$ ならば，$f(x)$ はその区間で減少する．

・つねに $f'(x)=0$ ならば，$f(x)$ はその区間で定数である．

例 3.3 関数 $f(x)=x^3-3x+2$ の増減を調べる．

$f'(x)=3x^2-3=3(x+1)(x-1)$ であるから，

・$x<-1$, $1<x$ において $f'(x)>0$ となり，関数 $f(x)$ は区間 $x<-1$ および $1<x$ で増加．

・$-1<x<1$ において $f'(x)<0$ となり，関数 $f(x)$ は区間 $-1<x<1$ で減少．

これらの増加・減少の様子を次のような表で示す．

x	$\cdots$	-1	$\cdots$	1	$\cdots$
$f'(x)$	$+$	0	$-$	0	$+$
$f(x)$	↗	4	↘	0	↗

この表を $f(x)$ の**増減表**という．

この表より $y = f(x)$ のグラフは図 **3.9** のようになる．

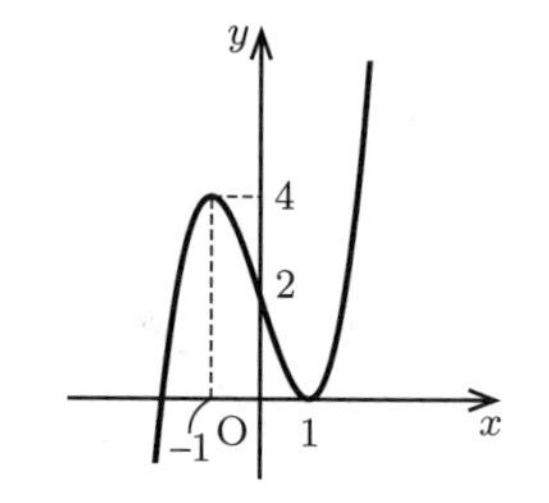

図 **3.9**　$y = x^3 - 3x + 2$ のグラフ

例 3.3 で調べたように，関数 $f(x) = x^3 - 3x + 2$ は $x = -1$ を境目として増加から減少に移る．

このとき，関数 $f(x)$ は $x = -1$ で**極大**になるといい，$x = -1$ における $f(x)$ の値 $f(-1)$ を **極大値** という．

また，$x = 1$ を境目として減少から増加に移る．

このとき，関数 $f(x)$ は $x = 1$ で **極小**になるといい，$x = 1$ における $f(x)$ の値 $f(1)$ を **極小値** という．

極大値と極小値をあわせて**極値**という．

関数の極大，極小（図 **3.10** 参照）

(i)　$f'(x)$ の符号が $x = a$ の前後で正から負に変わるとき
関数 $f(x)$ は $x = a$ で極大となり，極大値は $f(a)$

(ii)　$f'(x)$ の符号が $x = b$ の前後で負から正に変わるとき
関数 $f(x)$ は $x = b$ で極小となり，極小値は $f(b)$

【注意】 極大値，極小値は必ずしも最大値，最小値ではない．

p.73 で述べたように，閉区間で連続な関数は，その閉区間で最大値と最小値をもつ．閉区間 $[a, b]$ における関数 $f(x)$ の最大値，最小値は，この区間での関数の極値と区間の端点での関数の値を比べて求めることができる（図 **3.11** 参照）．

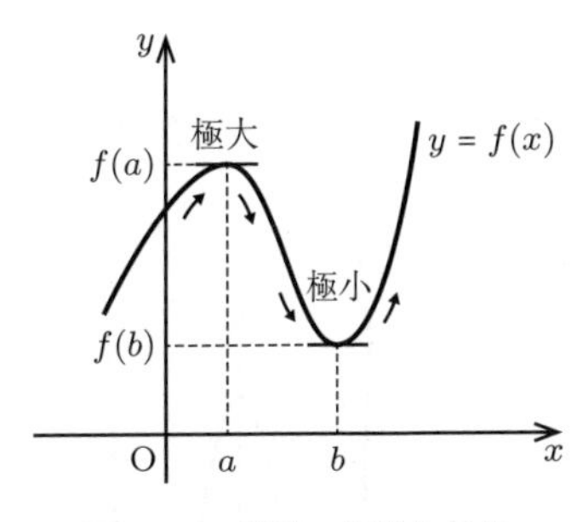

図 **3.10**　関数の増減と極値

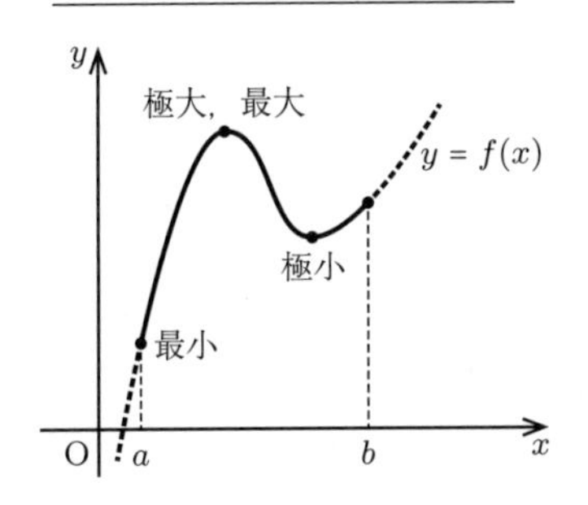

図 **3.11**　最大値・最小値と極値

関数 $f(x)$ が $x=a$ で極値をとるときには，$x=a$ の前後で $f'(x)$ の符号が変わることから，以下が成り立つ．

極値をとるための必要条件

関数 $f(x)$ が $x=a$ で極値をとるならば

$$f'(a) = 0 \tag{3.5}$$

である．

条件式 (3.5) を **1 階の条件**ともいう．しかし，逆は成り立つとは限らない．すなわち，$f'(a)=0$ であっても $f(x)$ は $x=a$ で極値をとるとは限らない．

例えば，関数 $f(x)=x^3$ について，$f'(x)=3x^2$ より $f'(0)=0$ であるが，$x=0$ 以外ではつねに $f'(x)>0$ となり，増加する（増減表と図 **3.12** 参照）．

よって，$f(x)$ は $x=0$ で極値をとらない．

x	$\cdots$	0	$\cdots$
$f'(x)$	+	0	+
$f(x)$	↗	0	↗

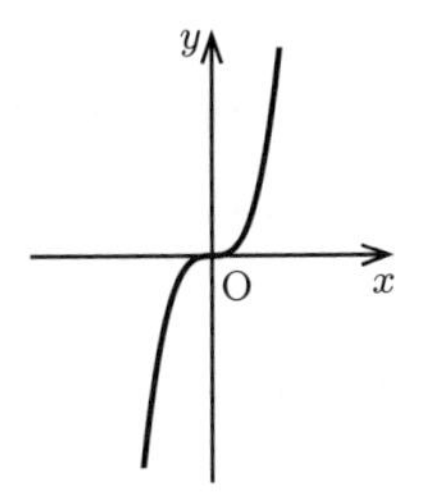

図 **3.12**　$y=x^3$ のグラフ

問 7.　次の関数の増減を調べ，極値を求めよ．

(1) $y=x^3-6x^2+9x+1$　　(2) $y=-2x^3+3x^2+12x-10$

(3) $y=x^3-3x^2+3x+2$

例題 3.7　関数 $y = x^4 - 8x^2 + 12$ の極値を求め，そのグラフをかけ．

【解答】　$y' = 4x^3 - 16x = 4x(x^2 - 4) = 4x(x+2)(x-2)$

$y' = 0$ とすると $x = -2,\ 0,\ 2$

y の増減表は次のとおりである．

x	$\cdots$	-2	$\cdots$	0	$\cdots$	2	$\cdots$
y'	$-$	0	$+$	0	$-$	0	$+$
y	↘	極小 -4	↗	極大 12	↘	極小 -4	↗

よって y は

$x = 0$ で極大値 12,

$x = -2,\ x = 2$ で極小値 -4

をとる．

グラフは図 **3.13** のとおりである．

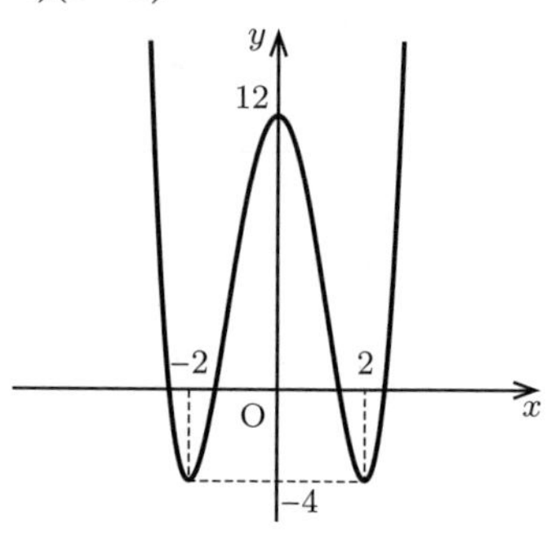

図 **3.13**　$y = x^4 - 8x^2 + 12$ のグラフ

◇

問 8.　次の関数の極値を求めよ．また，そのグラフをかけ．

(1) $y = (x-1)^2(x+2)$　　(2) $y = -x^3 + 6x^2 - 12x + 8$

(3) $y = x^4 - 2x^2 - 3$　　(4) $y = 3x^4 + 4x^3 - 12x^2$

3.4　関数の積・商の微分法

3.4.1　積 の 微 分 法

関数 $f(x)$，$g(x)$ が微分可能であるとき，次の公式が成り立つ．

積の微分法

$$\{f(x)g(x)\}' = f'(x)g(x) + f(x)g'(x)$$

証明

$$\{f(x)g(x)\}' = \lim_{h \to 0} \frac{f(x+h)g(x+h) - f(x)g(x)}{h}$$

$$= \lim_{h \to 0} \frac{f(x+h)g(x+h) - f(x)g(x+h) + f(x)g(x+h) - f(x)g(x)}{h}$$
$$= \lim_{h \to 0} \frac{\{f(x+h) - f(x)\}g(x+h) + f(x)\{g(x+h) - g(x)\}}{h}$$
$$= \lim_{h \to 0} \left\{ \frac{f(x+h) - f(x)}{h} \cdot g(x+h) + f(x) \cdot \frac{g(x+h) - g(x)}{h} \right\}$$

ここで，$f(x)$，$g(x)$ は微分可能であるから

$$\lim_{h \to 0} \frac{f(x+h) - f(x)}{h} = f'(x), \qquad \lim_{h \to 0} \frac{g(x+h) - g(x)}{h} = g'(x)$$

また，微分可能ならば連続であるから，$\lim_{h \to 0} g(x+h) = g(x)$

よって　$\{f(x)g(x)\}' = f'(x)g(x) + f(x)g'(x)$ □

例題 3.8　積の微分法を用いて，次の関数を微分せよ．

$$y = (x^2 - 4x)(3x + 2)$$

【解答】　$y' = (x^2 - 4x)'(3x + 2) + (x^2 - 4x)(3x + 2)'$

$= (2x - 4)(3x + 2) + (x^2 - 4x) \cdot 3$

$= 6x^2 - 8x - 8 + 3x^2 - 12x = 9x^2 - 20x - 8$ ◇

問 9.　積の微分法を用いて，次の関数を微分せよ．

(1) $y = (3x - 2)(x^2 - 2x - 1)$　　(2) $y = (2x + 1)(x^2 - x + 2)$

(3) $y = (x^2 + x - 1)(2x^2 + 2x - 3)$

3.4.2　商の微分法

関数 $f(x)$，$g(x)$ が微分可能であるとき，次の公式が成り立つ．

商の微分法

$$\left\{ \frac{f(x)}{g(x)} \right\}' = \frac{f'(x)g(x) - f(x)g'(x)}{\{g(x)\}^2}$$

特に　$$\left\{ \frac{1}{g(x)} \right\}' = -\frac{g'(x)}{\{g(x)\}^2}$$

証明　最初に　$\left\{\dfrac{1}{g(x)}\right\}' = -\dfrac{g'(x)}{\{g(x)\}^2}$　を示す．

$$\left\{\frac{1}{g(x)}\right\}' = \lim_{h\to 0}\frac{1}{h}\left\{\frac{1}{g(x+h)} - \frac{1}{g(x)}\right\}$$
$$= \lim_{h\to 0}\frac{1}{h}\cdot\frac{g(x)-g(x+h)}{g(x+h)g(x)}$$
$$= \lim_{h\to 0}\left\{-\frac{g(x+h)-g(x)}{h}\cdot\frac{1}{g(x+h)g(x)}\right\}$$

ここで，$g(x)$ は微分可能なので

$$\lim_{h\to 0}\frac{g(x+h)-g(x)}{h} = g'(x)$$

また，微分可能ならば連続であるから　$\lim_{h\to 0} g(x+h) = g(x)$

よって　$\left\{\dfrac{1}{g(x)}\right\}' = -\dfrac{g'(x)}{\{g(x)\}^2}$

この結果と積の微分法を用いると

$$\left\{\frac{f(x)}{g(x)}\right\}' = \left\{f(x)\cdot\frac{1}{g(x)}\right\}' = f'(x)\cdot\frac{1}{g(x)} + f(x)\cdot\left\{\frac{1}{g(x)}\right\}'$$
$$= \frac{f'(x)}{g(x)} + f(x)\cdot\frac{-g'(x)}{\{g(x)\}^2} = \frac{f'(x)g(x)-f(x)g'(x)}{\{g(x)\}^2}$$

□

例題 3.9　次の関数を微分せよ．

(1) $y = \dfrac{1}{3x+2}$　　(2) $y = \dfrac{2x+3}{x^2-1}$

【解答】

(1) $y' = -\dfrac{(3x+2)'}{(3x+2)^2} = -\dfrac{3}{(3x+2)^2}$

(2) $y' = \dfrac{(2x+3)'(x^2-1)-(2x+3)(x^2-1)'}{(x^2-1)^2}$

$= \dfrac{2(x^2-1)-(2x+3)\cdot 2x}{(x^2-1)^2} = -\dfrac{2(x^2+3x+1)}{(x^2-1)^2}$

◇

問 10.　次の関数を微分せよ．

(1) $y = \dfrac{3}{2x-3}$　　(2) $y = \dfrac{x}{2x^2+1}$　　(3) $y = \dfrac{x^2+3x+3}{x+1}$

商の微分法を用いると次の公式を示すことができる.

x^n の導関数

n が整数のとき　$(x^n)' = nx^{n-1}$

証明 3.3.1 項(p.78)で述べたとおり, 任意の正の整数 n について $(x^n)' = nx^{n-1}$ が成り立つ.

n が負の整数のとき, $n = -m$ とおくと, m は正の整数で

$$(x^n)' = (x^{-m})' = \left(\frac{1}{x^m}\right)' = -\frac{(x^m)'}{(x^m)^2} = -\frac{mx^{m-1}}{x^{2m}} = -mx^{-m-1} = nx^{n-1}$$

よって　$(x^n)' = nx^{n-1}$ は, n が負の整数のときにも成り立つ.

$n = 0$ の場合も, $(1)' = 0$ により, $(x^n)' = nx^{n-1}$ が成り立つ.

したがって, 任意の整数 n について $(x^n)' = nx^{n-1}$ が成り立つ. □

例 3.4 $\left(\frac{1}{x^2}\right)' = (x^{-2})' = -2x^{-2-1} = -2x^{-3} = -\frac{2}{x^3}$

問 11. 次の関数を微分せよ.

(1) $y = \frac{1}{x}$　(2) $y = \frac{3}{x^3}$　(3) $y = -\frac{1}{2x^6}$

3.5 合成関数と逆関数の微分法

3.5.1 合成関数の微分法

2 つの関数 $y = f(u)$, $u = g(x)$ があり, $g(x)$ の値域が $f(u)$ の定義域に含まれているとき, $f(u)$ に $u = g(x)$ を代入すると, 新しい関数 $y = f(g(x))$ が得られる. この関数を $g(x)$ と $f(u)$ の**合成関数**といい, $(f \circ g)(x)$ と書くこともある. すなわち

$$(f \circ g)(x) = f(g(x))$$

である.

例 3.5　$f(x) = x^3$，$g(x) = 2x - 1$ とする．このとき

$$(f \circ g)(x) = f(g(x)) = (2x-1)^3$$

$$(g \circ f)(x) = g(f(x)) = 2x^3 - 1$$

例 3.5 からわかるように，一般に合成関数 $f(g(x))$ と $g(f(x))$ は一致しない．

2 つの関数 $y = f(u)$，$u = g(x)$ がそれぞれ微分可能であるとき，合成関数 $y = f(g(x))$ も微分可能で，次の公式が成り立つ．

合成関数の微分法

$y = f(u)$，$u = g(x)$ がともに微分可能であるとき，
合成関数 $y = f(g(x))$ の導関数は以下のとおり．

$$\frac{dy}{dx} = \frac{dy}{du} \cdot \frac{du}{dx} \tag{3.6}$$

式 (3.6) は，次のように表すこともできる．

$$\{f(g(x))\}' = f'(g(x))\,g'(x) \tag{3.7}$$

証明　$u = g(x)$ において，x の増分 Δx に対する u の増分を Δu，$y = f(u)$ において，u の増分 Δu に対する y の増分を Δy とする．

ここで，$g(x)$ の連続性より，$\Delta x \to 0$ のとき $\Delta u \to 0$ であるから

$$\frac{dy}{dx} = \lim_{\Delta x \to 0} \frac{\Delta y}{\Delta x} = \lim_{\Delta x \to 0} \left(\frac{\Delta y}{\Delta u} \cdot \frac{\Delta u}{\Delta x} \right) = \lim_{\Delta x \to 0} \frac{\Delta y}{\Delta u} \cdot \lim_{\Delta x \to 0} \frac{\Delta u}{\Delta x}$$

$$= \lim_{\Delta u \to 0} \frac{\Delta y}{\Delta u} \cdot \lim_{\Delta x \to 0} \frac{\Delta u}{\Delta x} = \frac{dy}{du} \cdot \frac{du}{dx}$$

また，$\dfrac{dy}{du} = f'(u)$，$\dfrac{du}{dx} = g'(x)$ より，式 (3.7) も成り立つ．　□

例題 3.10　次の関数を微分せよ．

(1) $y = (2x^4 + 1)^3$　　(2) $y = \dfrac{1}{(x^2+2)^3}$

【解答】

(1)　$u = 2x^4 + 1$ とおくと $y = u^3$ となり

$$\frac{dy}{du} = 3u^2, \qquad \frac{du}{dx} = 8x^3$$

よって　$\dfrac{dy}{dx} = \dfrac{dy}{du} \cdot \dfrac{du}{dx} = 3u^2 \cdot 8x^3 = 24x^3(2x^4+1)^2$

(2)　$u = x^2 + 2$ とおくと $y = u^{-3}$ となり

$$\frac{dy}{du} = -3u^{-4}, \qquad \frac{du}{dx} = 2x$$

よって　$\dfrac{dy}{dx} = \dfrac{dy}{du} \cdot \dfrac{du}{dx} = -3u^{-4} \cdot 2x = -6x(x^2+2)^{-4} = -\dfrac{6x}{(x^2+2)^4}$　◇

問 12.　次の関数を微分せよ.

(1) $y = (3x-2)^6$　(2) $y = (3x^2-1)^4$　(3) $y = (1-x)^5$

(4) $y = (2x^3+x-1)^4$　(5) $y = \dfrac{1}{(x-1)^5}$　(6) $y = \dfrac{1}{(5-2x)^4}$

(7) $y = \dfrac{1}{(x^2-x+1)^2}$　(8) $y = \left(x + \dfrac{1}{x}\right)^3$

合成関数の微分法を用いると次の公式を示すことができる.

> **x^r の導関数**　$(x > 0)$
>
> r が有理数のとき　$(x^r)' = rx^{r-1}$

証明　有理数 r は，整数 m，正の整数 n を用いて，$r = \dfrac{m}{n}$ と表せる.

$$y = x^r = x^{m/n} \quad (= \sqrt[n]{x^m})$$

両辺を n 乗すると　$y^n = x^m$

両辺を x の関数とみて，x で微分すると　$\dfrac{d}{dx}y^n = \dfrac{d}{dx}x^m$

合成関数の微分法を用いると

$$(\text{左辺}) = \frac{d}{dx}y^n = \frac{d}{dy}y^n \cdot \frac{dy}{dx} = ny^{n-1}\frac{dy}{dx} \quad \text{となる.}$$

よって　$ny^{n-1}\dfrac{dy}{dx} = mx^{m-1}$

ゆえに

$$\frac{dy}{dx} = \frac{mx^{m-1}}{ny^{n-1}} = \frac{mx^{m-1}}{n\left(x^{m/n}\right)^{n-1}} = \frac{mx^{m-1}}{nx^{m-(m/n)}} = \frac{m}{n}x^{(m/n)-1} = rx^{r-1} \qquad \square$$

例 3.6　$(\sqrt[3]{x})' = (x^{1/3})' = \dfrac{1}{3}x^{-2/3} = \dfrac{1}{3x^{2/3}} = \dfrac{1}{3\sqrt[3]{x^2}}$

例題 3.11　関数 $y = \sqrt{3x+2}$ を微分せよ.

【解答】　$y = (3x+2)^{1/2}$ より, $u = 3x+2$ とおくと $y = u^{1/2}$

$$\frac{dy}{du} = \frac{1}{2}u^{-1/2}, \qquad \frac{du}{dx} = 3$$

よって　$y' = \dfrac{1}{2}u^{-1/2} \cdot 3 = \dfrac{3}{2u^{1/2}} = \dfrac{3}{2\sqrt{3x+2}}$　◇

問 13.　次の関数を微分せよ.

(1) $y = \sqrt{x^3}$　(2) $y = \sqrt[4]{x^3}$　(3) $y = \dfrac{1}{\sqrt[3]{x}}$

(4) $y = \dfrac{5}{\sqrt[5]{x}}$　(5) $y = \dfrac{1}{\sqrt[4]{x^3}}$　(6) $y = \left(\dfrac{1}{x}\right)^{\frac{2}{3}}$

(7) $y = \sqrt[3]{1-2x}$　(8) $y = \sqrt[3]{2x^3+1}$　(9) $y = \sqrt[4]{x^2+x+1}$

(10) $y = \sqrt[3]{(5x+2)^2}$　(11) $y = \dfrac{1}{\sqrt[4]{5-3x^2}}$　(12) $y = \sqrt[5]{\dfrac{1}{x^2+3}}$

3.5.2　逆関数の微分法

微分可能な関数 $f(x)$ が逆関数 $f^{-1}(x)$ をもつとき, $f^{-1}(x)$ の導関数について考える.

$y = f^{-1}(x)$ とおくと　$x = f(y)$

両辺を x で微分すると　$1 = \dfrac{d}{dx}f(y)$

この式の右辺を, 合成関数の微分法を用いて変形すると

$$\frac{d}{dx}f(y) = \frac{d}{dy}f(y) \cdot \frac{dy}{dx} = \frac{dx}{dy} \cdot \frac{dy}{dx}$$

したがって　$1 = \dfrac{dx}{dy} \cdot \dfrac{dy}{dx}$

よって, 次の関係が成り立つ.

逆関数の微分法

$$\frac{dx}{dy} \neq 0 \text{ のとき} \qquad \frac{dy}{dx} = \frac{1}{\dfrac{dx}{dy}}$$

例題 3.12　逆関数の微分法を用いて　$y = \sqrt{x}$ $(x > 0)$　を微分せよ.

【解答】　$y = \sqrt{x}$ は $y = x^2$ $(x > 0)$ の逆関数である.

$y = \sqrt{x}$　より　$x = y^2$　であるから　$\dfrac{dx}{dy} = 2y$

よって　$$\frac{dy}{dx} = \frac{1}{\dfrac{dx}{dy}} = \frac{1}{2y} = \frac{1}{2\sqrt{x}}$$ ◇

問 14.　逆関数の微分法を用いて，次の関数を微分せよ.

(1) $y = \sqrt[3]{x}$　　(2) $y = x^{1/4}$

3.6　対数関数と指数関数の導関数

3.6.1　対数関数の導関数

$a > 0$, $a \neq 1$ とするとき，対数関数 $y = \log_a x$ の導関数を求める.

$$y' = (\log_a x)' = \lim_{h\to 0} \frac{\log_a(x+h) - \log_a x}{h}$$
$$= \lim_{h\to 0} \frac{1}{h} \log_a \frac{x+h}{x} = \lim_{h\to 0} \frac{1}{h} \log_a \left(1 + \frac{h}{x}\right)$$

ここで $\dfrac{h}{x} = t$ とおくと $h = tx$ であり，$h \to 0$ のとき $t \to 0$ であるから

$$(\log_a x)' = \lim_{t\to 0} \frac{1}{tx} \log_a(1+t) = \frac{1}{x} \lim_{t\to 0} \log_a(1+t)^{1/t}$$

いま t が限りなく 0 に近づくとき，$(1+t)^{1/t}$ の値はある一定の値に限りなく近づく．この値を e で表す.

$$\lim_{t\to 0}(1+t)^{1/t} = 2.718281828459045\cdots = e$$

t	$(1+t)^{1/t}$	t	$(1+t)^{1/t}$
0.1	2.59374⋯	−0.1	2.86797⋯
0.01	2.70481⋯	−0.01	2.73199⋯
0.001	2.71692⋯	−0.001	2.71964⋯
0.0001	2.71814⋯	−0.0001	2.71841⋯

この数 e は無理数であり，π と同じくらい重要な定数である．

この正の定数 e を用いると

$$(\log_a x)' = \frac{1}{x}\lim_{t\to 0}\log_a(1+t)^{1/t} = \frac{1}{x}\log_a e$$

底の変換公式から，　$\log_a e = \dfrac{\log_e e}{\log_e a} = \dfrac{1}{\log_e a}$

よって

$$(\log_a x)' = \frac{1}{x\log_e a}$$

特に，$a = e$ のときは，$\log_e e = 1$ より

$$(\log_e x)' = \frac{1}{x}$$

微分法や積分法では，e を底とする対数を用いることが多い．e を底とする対数 $\log_e x$ を**自然対数**といい，底 e を省略して単に $\log x$ と書くことが多い†．なお，e は自然対数の底であるが，ネイピア数とも呼ばれる．

対数関数の導関数 I

$$(\log x)' = \frac{1}{x}, \qquad (\log_a x)' = \frac{1}{x\log a}$$

問 15.　次の値を求めよ．

(1) $\log e^3$　　(2) $e^{\log 2}$　　(3) $\log\dfrac{1}{e^2}$

例題 3.13　次の関数を微分せよ．

(1) $y = \log(5x+1)$　　(2) $y = \log_3(2x-1)$　　(3) $y = x\log x$

---

† $\log x$ を $\ln x$ と表すこともある．

【解答】

(1) $y' = \dfrac{1}{5x+1} \cdot (5x+1)' = \dfrac{5}{5x+1}$

(2) $y = \dfrac{\log(2x-1)}{\log 3}$ より，$y' = \dfrac{1}{\log 3} \cdot \dfrac{(2x-1)'}{2x-1} = \dfrac{2}{(2x-1)\log 3}$

(3) $y' = (x)' \cdot \log x + x \cdot (\log x)' = 1 \cdot \log x + x \cdot \dfrac{1}{x} = \log x + 1$ ◇

問 16. 次の関数を微分せよ．

(1) $y = \log(x^2+1)$ (2) $y = \log_2(3x+1)$ (3) $y = x^2 \log x$

(4) $y = (\log x)^2$ (5) $y = \dfrac{\log x}{x}$ (6) $y = \log\left(x + \dfrac{1}{x}\right)$

次に，$y = \log|x|$ の導関数を考える．

・$x > 0$ のとき，$(\log|x|)' = (\log x)' = \dfrac{1}{x}$

・$x < 0$ のとき，$(\log|x|)' = \{\log(-x)\}' = \dfrac{1}{-x} \cdot (-x)' = \dfrac{1}{x}$

以上より

$$(\log|x|)' = \frac{1}{x}$$

さらに，$y = \log|f(x)|$ の導関数について考える．

合成関数の微分法より，$y = \log|u|$, $u = f(x)$ とおくと

$$y' = \frac{dy}{dx} = \frac{dy}{du} \cdot \frac{du}{dx} = \frac{1}{u} \cdot f'(x) = \frac{f'(x)}{f(x)}$$

以上より，次が成り立つ．

対数関数の導関数 II

$$\{\log|f(x)|\}' = \frac{f'(x)}{f(x)}$$

例 3.7 $y = \log|x^2-4|$ を微分すると，$y' = \dfrac{(x^2-4)'}{x^2-4} = \dfrac{2x}{x^2-4}$

問 17. 次の関数を微分せよ．

(1) $y = \log|3x-1|$ (2) $y = \log|x^2-x|$

(3) $y = \log_{10}|2x|$ (4) $y = \log\left|\dfrac{x-1}{x+1}\right|$

例題 3.14　次の関数を微分せよ.

$$y = \frac{(x-2)\sqrt[3]{x+2}}{x+1}$$

【解答】　両辺の絶対値の自然対数をとると

$$\log|y| = \log|x-2| + \frac{1}{3}\log|x+2| - \log|x+1|$$

両辺を x で微分すると

$$\frac{y'}{y} = \frac{1}{x-2} + \frac{1}{3(x+2)} - \frac{1}{x+1} = \frac{x^2+8x+16}{3(x-2)(x+2)(x+1)}$$

よって

$$y' = \frac{(x+4)^2}{3(x-2)(x+2)(x+1)} \cdot \frac{(x-2)\sqrt[3]{x+2}}{x+1} = \frac{(x+4)^2}{3(x+1)^2\sqrt[3]{(x+2)^2}} \qquad \diamond$$

例題 3.14 の解答のように，両辺の自然対数をとってから微分する方法を，**対数微分法**という.

問 18.　対数微分法により，次の関数を微分せよ.

(1) $y = \sqrt{(x+1)(x+3)}$　　(2) $y = \dfrac{(x-2)^3}{(x-1)^2}$

(3) $y = \sqrt[3]{\dfrac{x-1}{x+1}}$　　(4) $y = 2^x$　　(5) $y = x^x \quad (x>0)$

対数微分法を用いて次の公式を示すことができる.

> **x^α の導関数**　$(x>0)$
>
> α が<u>実数</u>のとき　　$(x^\alpha)' = \alpha x^{\alpha-1}$

証明　$y = x^\alpha$ の両辺の自然対数をとると　$\log y = \alpha \log x$

両辺を x で微分すると　$\dfrac{y'}{y} = \alpha \cdot \dfrac{1}{x}$

よって　$y' = \alpha \cdot \dfrac{1}{x} \cdot x^\alpha = \alpha x^{\alpha-1}$　　□

3.6.2 指数関数の導関数

$a > 0$, $a \neq 1$ とするとき，指数関数 $y = a^x$ の導関数は対数微分法を用いて，次のように求められる．

$y = a^x$ の両辺の自然対数をとると　$\log y = x \log a$

両辺を x で微分すると　$\dfrac{y'}{y} = \log a$

これより　$y' = y \log a = a^x \log a$

よって　$(a^x)' = a^x \log a$

特に，$a = e$ のとき，$\log e = 1$ であるから　$(e^x)' = e^x$

となる†．以上から，次が成り立つ．

> **指数関数の導関数**
>
> $$(e^x)' = e^x, \qquad (a^x)' = a^x \log a$$

例題 3.15　次の関数を微分せよ．

(1) $y = e^{4x}$　(2) $y = a^{2x}$　(3) $y = x^2 e^x$

【解答】

(1) $y' = e^{4x} \cdot (4x)' = 4e^{4x}$

(2) $y' = a^{2x} \log a \cdot (2x)' = 2a^{2x} \log a$

(3) $y' = (x^2)' \cdot e^x + x^2 \cdot (e^x)' = 2xe^x + x^2 e^x = x(x+2)e^x$　◇

一般に，$y = e^{f(x)}$ の導関数は，合成関数の微分法を用いて求められる．

$u = f(x)$ とおくと，$y = e^u$ となり

$y' = e^u \cdot f'(x) = f'(x)\, e^{f(x)}$

問 19.　次の関数を微分せよ．

(1) $y = e^{x^2}$　(2) $y = 3^{-x}$　(3) $y = e^{3x+1}$　(4) $y = (x-1)e^{2x}$

(5) $y = e^x \log x$　(6) $y = x^2 e^{-2x}$　(7) $y = \dfrac{e^x}{e^x + 1}$　(8) $y = \dfrac{e^x}{x}$

(9) $y = a^{2x+1}$　(10) $y = x\, a^{3x}$

---

† e^x を $\exp(x)$ と表すこともある．exp は，exponential（「指数の」を意味する形容詞）に由来する．

本章で説明した微分法について，読者が使いやすいように以下にまとめておく．

【導関数の定義】

$$f'(x) = \lim_{h \to 0} \frac{f(x+h) - f(x)}{h}$$

【基本的な微分法】

- $\{cf(x)\}' = cf'(x)$　　（c は定数）
- $\{f(x) \pm g(x)\}' = f'(x) \pm g'(x)$　　（複号同順）
- $\{f(x)g(x)\}' = f'(x)g(x) + f(x)g'(x)$
- $\left\{\dfrac{f(x)}{g(x)}\right\}' = \dfrac{f'(x)g(x) - f(x)g'(x)}{\{g(x)\}^2}$
- $y = f(u)$，$u = g(x)$ が微分可能であるとき

$$\frac{dy}{dx} = \frac{dy}{du} \cdot \frac{du}{dx} = f'(g(x))\,g'(x)$$

【基本的な関数の導関数】

- $(x^\alpha)' = \alpha x^{\alpha-1}$　　（α は任意の実数[†]）
- $(e^x)' = e^x$　　（$e = 2.7182818\cdots$）
- $(a^x)' = a^x \log_e a = a^x \log a$
- $(\log x)' = (\log_e x)' = \dfrac{1}{x}$
- $(\log_a x)' = \dfrac{1}{x \log a}$
- $\{e^{f(x)}\}' = f'(x)\,e^{f(x)}$，　$\{\log|f(x)|\}' = \dfrac{f'(x)}{f(x)}$

[†] α が整数でない場合，$y = x^\alpha$ の定義域は $x \geqq 0$ であるので，微分は $x > 0$ のときのみ考える．

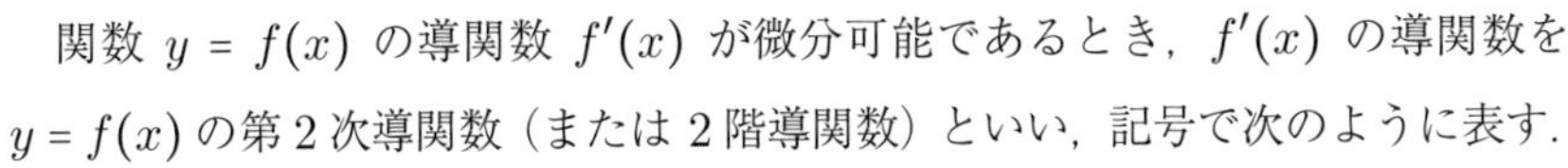

3.7 高次導関数

関数 $y=f(x)$ の導関数 $f'(x)$ が微分可能であるとき，$f'(x)$ の導関数を $y=f(x)$ の第 2 次導関数（または 2 階導関数）といい，記号で次のように表す．

$$y'', \qquad f''(x), \qquad \frac{d^2y}{dx^2}, \qquad \frac{d^2}{dx^2}f(x)$$

また，第 2 次導関数 $f''(x)$ が微分可能であるとき，$f''(x)$ の導関数を関数 $y=f(x)$ の第 3 次導関数（または 3 階導関数）といい，記号で次のように表す．

$$y''', \qquad f'''(x), \qquad \frac{d^3y}{dx^3}, \qquad \frac{d^3}{dx^3}f(x)$$

これらに対応させて，$f'(x)$ を $y=f(x)$ の第 1 次導関数ということがある．

例 3.8

(1) $y=x^4-3x^2+2$ について

$$y'=4x^3-6x, \qquad y''=12x^2-6, \qquad y'''=24x$$

(2) $y=\log|x|$ について

$$y'=\frac{1}{x}, \qquad y''=-\frac{1}{x^2}, \qquad y'''=\frac{2}{x^3}$$

問 20. 次の関数の第 2 次導関数を求めよ．

(1) $y=x^5-3x^3+x$　　(2) $y=x^4+\sqrt{x}$

(3) $y=x^2\log x$　　(4) $y=x^2e^{-x}$

(5) $y=e^{x^2}$　　(6) $y=\dfrac{1}{2x}$

問 21. 次の関数の第 3 次導関数を求めよ．

(1) $y=e^x$　　(2) $y=\sqrt{x^3}$

一般に，関数 $y=f(x)$ を次々に n 回微分して得られる関数を，$y=f(x)$ の第 n 次導関数（または n 階導関数）といい，記号で次のように表す．

$$y^{(n)}, \qquad f^{(n)}(x), \qquad \frac{d^ny}{dx^n}, \qquad \frac{d^n}{dx^n}f(x)$$

なお，$y^{(1)}$，$y^{(2)}$，$y^{(3)}$ はそれぞれ y'，y''，y''' と同じものである．

第2次以上の導関数を**高次導関数**（または高階導関数）という．

例 3.9　$y = \dfrac{1}{x}$ について

$$y = x^{-1} \quad \text{より} \quad y' = -x^{-2} = -\frac{1}{x^2}$$

$$y'' = 2x^{-3} = \frac{2}{x^3}$$

$$y''' = -2 \cdot 3\,x^{-4} = -\frac{2 \cdot 3}{x^4}$$

$$y^{(4)} = 2 \cdot 3 \cdot 4\,x^{-5} = \frac{2 \cdot 3 \cdot 4}{x^5}$$

$$\cdots\cdots$$

$$y^{(n)} = (-1)^n n!\,x^{-(n+1)} = \frac{(-1)^n\,n!}{x^{n+1}}$$

問 22.　次の関数の第 n 次導関数を求めよ．

(1) $y = e^{2x}$　　(2) $y = xe^x$　　(3) $y = \dfrac{1}{x-1}$

3.8　微分の応用

3.8.1　接線・法線の方程式

曲線 $y = f(x)$ 上の点 P $(a, f(a))$ における接線の方程式についてはすでに示したが，本項では関数 $f(x)$ が無理関数，分数関数，指数関数，対数関数などの場合を例として再度説明する．関数 $f(x)$ が整式で表される場合の例題や演習問題については 3.3.2 項（p.79）を参照してほしい．

接線の方程式（再掲）

曲線 $y = f(x)$ 上の点 P $(a, f(a))$ における接線の方程式は

$$y - f(a) = f'(a)(x - a)$$

曲線上の点 P を通り，その曲線の P における接線と垂直である直線を，その曲線の点 P における**法線**という．曲線 $y = f(x)$ 上の点 $\mathrm{P}(a, f(a))$ における接線と法線を**図 3.14** に示す．

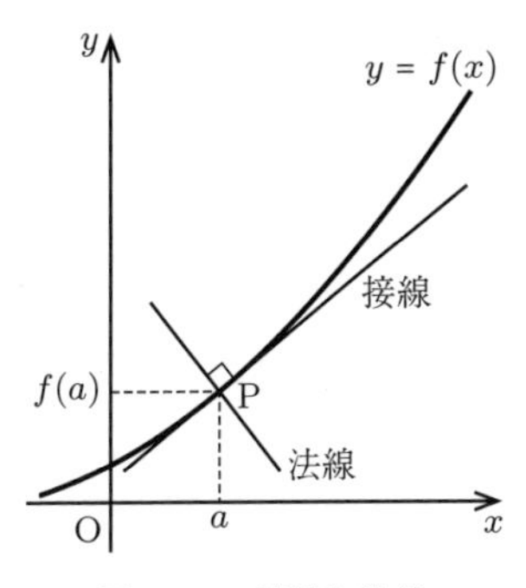

図 3.14　接線と法線

曲線 $y = f(x)$ 上の点 P $(a, f(a))$ における法線の傾きは，$f'(a) \neq 0$ のとき，$-\dfrac{1}{f'(a)}$ である（p.22,「2 直線の平行条件・垂直条件」参照）．

よって，曲線上の点 P における法線の方程式は次のようになる．

法線の方程式

曲線 $y = f(x)$ 上の点 P $(a, f(a))$ における法線の方程式は

$f'(a) \neq 0$ のとき

$$y - f(a) = -\frac{1}{f'(a)}(x - a)$$

なお，$f'(a) = 0$ のとき，法線の方程式は $x = a$ になる．

例題 3.16　次の曲線上の点 P における接線と法線の方程式を求めよ．

(1) $y = \dfrac{1}{x}$,　$\mathrm{P}\left(2, \dfrac{1}{2}\right)$　　(2) $y = \sqrt{x-1}$,　$\mathrm{P}(2, 1)$

【解答】

(1)　$f(x) = \dfrac{1}{x}$ とする（**図 3.15**）．

$f'(x) = -\dfrac{1}{x^2}$ より，$f'(2) = -\dfrac{1}{4}$

したがって，接線の方程式は

$$y - \frac{1}{2} = -\frac{1}{4}(x-2)$$

すなわち　$y = -\dfrac{1}{4}x + 1$

また，$-\dfrac{1}{f'(2)} = 4$ より，

法線の方程式は

$$y - \frac{1}{2} = 4(x-2)$$

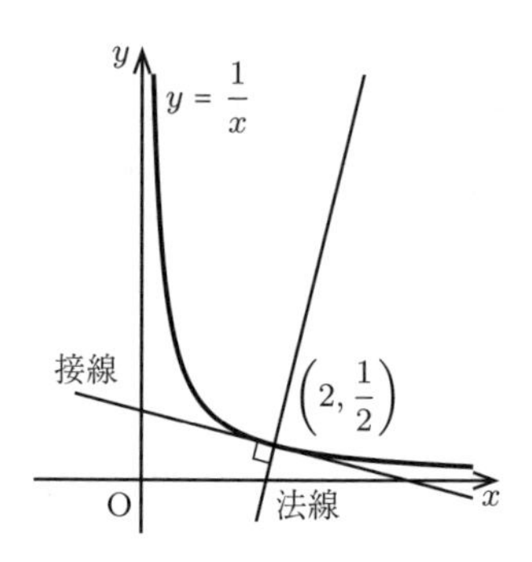

図 **3.15**　例題 3.16 (1)

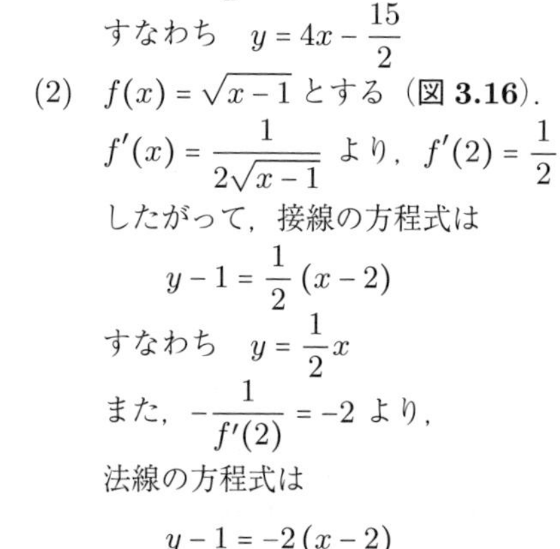

すなわち　$y = 4x - \dfrac{15}{2}$

(2)　$f(x) = \sqrt{x-1}$ とする（**図 3.16**）．

$f'(x) = \dfrac{1}{2\sqrt{x-1}}$ より，$f'(2) = \dfrac{1}{2}$

したがって，接線の方程式は

$$y - 1 = \frac{1}{2}(x-2)$$

すなわち　$y = \dfrac{1}{2}x$

また，$-\dfrac{1}{f'(2)} = -2$ より，

法線の方程式は

$$y - 1 = -2(x-2)$$

すなわち　$y = -2x + 5$　　◇

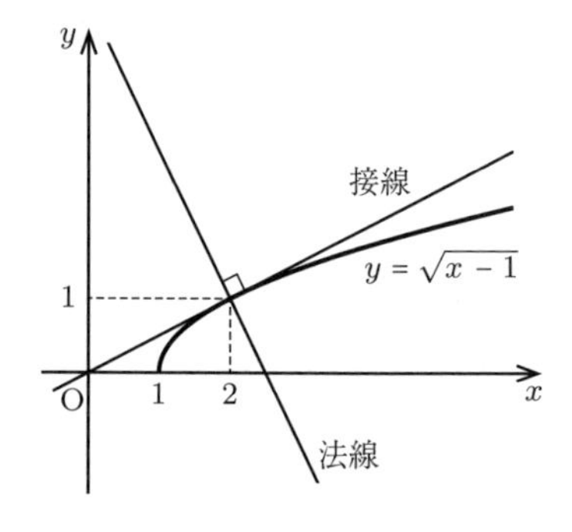

図 **3.16**　例題 3.16 (2)

問 23.　次の曲線上の点 P における接線と法線の方程式を求めよ．

(1) $y = 3\sqrt{x}$,　P $(1, 3)$　　(2) $y = \dfrac{2}{x-1}$,　P $(2, 2)$

(3) $y = e^x$,　P $(1, e)$　　(4) $y = \log x$,　P $(1, 0)$

3.8.2　平均値の定理*

3.1.4 項で述べたように，閉区間で連続な関数は，その閉区間で最大値および最小値をもつ．このことから，次の定理が導かれる．

ロルの定理

関数 $f(x)$ が $[a, b]$ で連続，(a, b) で微分可能で，$f(a) = f(b)$ ならば

$$f'(c) = 0 \qquad (a < c < b) \tag{3.8}$$

を満たす実数 c が存在する．

【注意】 式 (3.8) を満たす c は 1 つとは限らない（図 **3.17** 参照）．

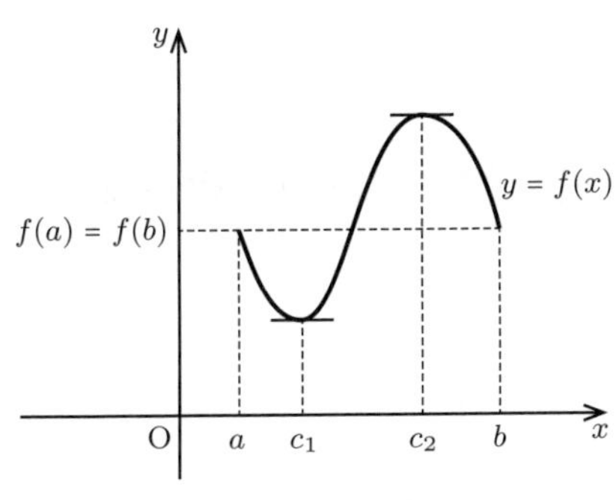

図 3.17　ロルの定理

証明

(i)　$f(x)$ が定数のとき
つねに $f'(x) = 0$ であるから，定理は成り立つ．

(ii)　$f(x)$ が定数でないとき
$f(x)$ は閉区間 $[a, b]$ で連続であるから，この区間で最大値 M および最小値 m をとる．仮定より，M と m の少なくとも 1 つは $f(a)\,(= f(b))$ と異なる．
ここで，$M \neq f(a)$ のときを考える．
$M = f(c)$ とすると，$a < c < b$
$f(c)$ が最大値なので，$|h|$ が十分小さいとき
$f(c) \geqq f(c+h)$
すなわち　$f(c+h) - f(c) \leqq 0$

よって，　$h > 0$　のとき　$$\frac{f(c+h) - f(c)}{h} \leqq 0 \tag{3.9}$$

$h < 0$　のとき　$$\frac{f(c+h) - f(c)}{h} \geqq 0 \tag{3.10}$$

$f(x)$ は (a,b) で微分可能であるから $f'(c)$ が存在する．一方

式 (3.9) から　　$\displaystyle\lim_{h\to+0}\frac{f(c+h)-f(c)}{h}\leqq 0$

式 (3.10) から　　$\displaystyle\lim_{h\to-0}\frac{f(c+h)-f(c)}{h}\geqq 0$

ゆえに　$f'(c)=0$

$m\neq f(a)$ のときも同様に $m=f(c)$ とすると，$a<c<b$, $f'(c)=0$ が成り立つ．□

ロルの定理を用いて，次の平均値の定理を示すことができる．

平均値の定理 I

関数 $f(x)$ が $[a,b]$ で連続で，(a,b) で微分可能ならば

$$\frac{f(b)-f(a)}{b-a}=f'(c)\qquad(a<c<b)\tag{3.11}$$

すなわち

$$f(b)=f(a)+f'(c)(b-a)\qquad(a<c<b)\tag{3.12}$$

を満たす実数 c が存在する．

【注意】 平均値の定理の c は1つとは限らない（図 **3.18** 参照）．

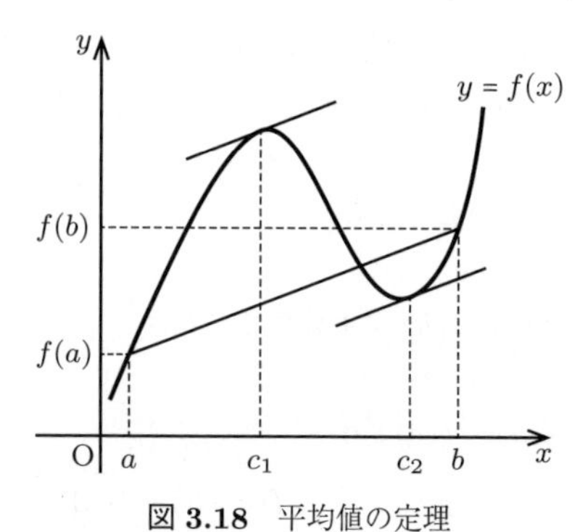

図 **3.18**　平均値の定理

証明 $\dfrac{f(b)-f(a)}{b-a}=K$ とし，$f'(c)=K$ を満たす $c\ (a<c<b)$ が存在することを示せばよい．

ここで，$F(x)=f(x)-K(x-a)$ とおくと，$F(x)$ は $[a,b]$ で連続，(a,b) で微分可能で，$F(a)=F(b)$ であるから，ロルの定理の条件を満たす．

よって，$F'(c)=0$，$a<c<b$ を満たす実数 c が存在する．ここで，

$F'(x)=f'(x)-K$ であるから，$F'(c)=0 \iff f'(c)=K$ が成り立つ． □

式 (3.12) において $b-a=h$ とし，$\dfrac{c-a}{b-a}=\theta$ とおくと，$0<\theta<1$，$c=a+\theta h$ となり，平均値の定理は次のように書ける．

平均値の定理 II

関数 $f(x)$ が区間 I で微分可能ならば，I 内の点 a，$a+h$ について

$$f(a+h) = f(a)+f'(a+\theta h)\,h \qquad (0<\theta<1)$$

を満たす実数 θ が存在する．

上の平均値の定理を拡張したものが，コーシーの平均値の定理である．

コーシーの平均値の定理

関数 $f(x)$，$g(x)$ は閉区間 $[a,b]$ で連続，開区間 (a,b) で微分可能とする．(a,b) で $g'(x)\neq 0$ ならば

$$\frac{f(b)-f(a)}{g(b)-g(a)} = \frac{f'(c)}{g'(c)} \qquad (a<c<b) \tag{3.13}$$

を満たす c が存在する．

証明 最初に，平均値の定理を $[a,b]$ で $g(x)$ に適用すると

$$g(b)-g(a)=g'(\gamma)(b-a) \qquad (a<\gamma<b)$$

となる γ が存在する．

仮定より，$g'(\gamma)\neq 0$ であるから，$g(b)-g(a)\neq 0$ である．

$$F(x)=\{f(x)-f(a)\}\{g(b)-g(a)\}-\{g(x)-g(a)\}\{f(b)-f(a)\}$$

とおけば

$$F'(x) = f'(x)\{g(b) - g(a)\} - g'(x)\{f(b) - f(a)\}$$

である．$F(a) = F(b) = 0$ であるから，ロルの定理より

$$F'(c) = 0 \qquad (a < c < b)$$

すなわち

$$f'(c)\{g(b) - g(a)\} - g'(c)\{f(b) - f(a)\} = 0 \qquad (a < c < b)$$

を満たす c が存在する．これより，コーシーの平均値の定理が成り立つ．□

3.8.3 関数の増減と極値

関数の増減や極値についてはすでに 3.3.2 項で説明したが，本項では関数 $f(x)$ が無理関数，分数関数，指数関数，対数関数などの場合を例として再度説明する．関数 $f(x)$ が整式で表される場合の例題や演習問題については 3.3.2 項（p.80）を参照してほしい．

〔1〕 関数の増加と減少

3.3.2 項では，導関数の符号と関数の増減の関係について，関数のグラフを用いて直観的に説明をした．ここでは，平均値の定理を用いた証明を記す．

導関数の符号と関数の増減

関数 $f(x)$ は $[a, b]$ で連続，(a, b) で微分可能とする．このとき

(i) (a, b) でつねに $f'(x) > 0$ ならば，$f(x)$ は $[a, b]$ で増加する．

(ii) (a, b) でつねに $f'(x) < 0$ ならば，$f(x)$ は $[a, b]$ で減少する．

(iii) (a, b) でつねに $f'(x) = 0$ ならば，$f(x)$ は $[a, b]$ で定数である．

証明

(i) $[a, b]$ 内に 2 点 $x_1 < x_2$ を任意にとる．平均値の定理より

$$\frac{f(x_2) - f(x_1)}{x_2 - x_1} = f'(c), \qquad x_1 < c < x_2 \tag{3.14}$$

を満たす c が存在する．

(a, b) でつねに $f'(x) > 0$ なので $f'(c) > 0$

ここで，$x_1 < x_2$ より $x_2 - x_1 > 0$ であるから，式 (3.14) より

$$f(x_2) - f(x_1) > 0$$

ゆえに　$f(x_1) < f(x_2)$

x_1，x_2 は任意だから，$f(x)$ は $[a, b]$ で増加する．

(ii) についても同様に証明できる．

(iii) $[a, b]$ 内に 2 点 $x_1 < x_2$ を任意にとると，平均値の定理より

$$f(x_2) = f(x_1) + f'(c)(x_2 - x_1), \qquad x_1 < c < x_2$$

を満たす c が存在する．仮定より，$f'(c) = 0$ なので，$f(x_1) = f(x_2)$ であり，x_1，x_2 は任意だから，$f(x)$ は $[a, b]$ で定数である．□

〔2〕 関数の極大と極小

関数 $f(x)$ の極値については，3.3.2 項で説明したが，再掲する．

関数 $f(x)$ が $x = a$ を境にして，増加の状態から減少の状態に移るとき，$f(x)$ は $x = a$ で極大となり，$f(a)$ を極大値という．

また，$f(x)$ が $x = b$ を境にして，減少の状態から増加の状態に移るとき，$f(x)$ は $x = b$ で極小となり，$f(b)$ を極小値という．

極大値と極小値をあわせて極値という（図 **3.19** 参照）．

p.82 で説明した，導関数の符号と極大・極小の関係について以下に再掲する．

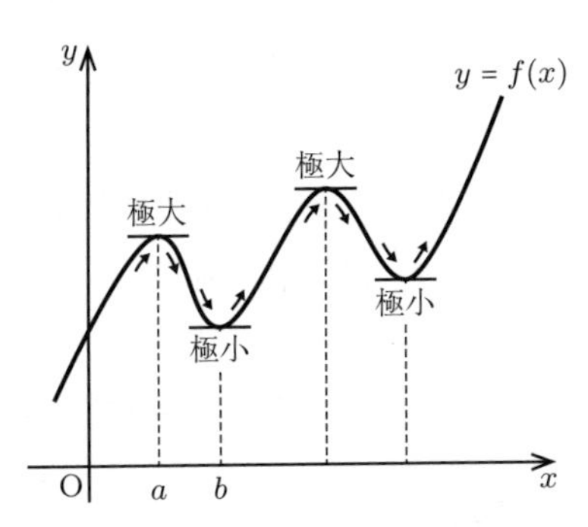

図 **3.19**　関数の増減と極値

関数の極大，極小（再掲）

（i）　$f'(x)$ の符号が $x = a$ の前後で正から負に変わるとき
関数 $f(x)$ は $x = a$ で極大となり，極大値は $f(a)$

（ii）　$f'(x)$ の符号が $x = b$ の前後で負から正に変わるとき
関数 $f(x)$ は $x = b$ で極小となり，極小値は $f(b)$

極値については次のように表すこともできる．

$f(x)$ は連続な関数とする．$x=a$ を含む十分小さい開区間において

$x \neq a$　ならば　$f(x) < f(a)$

が成り立つとき，$f(x)$ は $x=a$ で極大値 $f(a)$ をとる．

また，$x=b$ を含む十分小さい開区間において

$x \neq b$　ならば　$f(x) > f(b)$

が成り立つとき，$f(x)$ は $x=b$ で極小値 $f(b)$ をとる．

すなわち，極大とは局所的最大，極小とは局所的最小のことである．

関数 $f(x)$ が $x=a$ で極値をとるときには，$x=a$ の前後で $f'(x)$ の符号が変わることから，以下が成り立つ．

極値をとるための必要条件（1 階の条件）（再掲）

関数 $f(x)$ は $x=a$ で微分可能であるとする．

$f(x)$ が $x=a$ で極値をとるならば　$f'(a)=0$　である．

したがって，微分可能な関数 $f(x)$ の極値を求めるには，$f'(x)=0$ となる x の値を求め，その値の前後における $f'(x)$ の符号を調べればよい．

例題 3.17　関数 $f(x)=x^2e^x$ の増減を調べ，極値を求めよ．

【解答】

$f'(x)=2xe^x+x^2e^x=x(x+2)e^x$

$f'(x)=0$ とすると $x=0,\ -2$

増減表とグラフは次のとおり．

x	$\cdots$	-2	$\cdots$	0	$\cdots$
$f'(x)$	$+$	0	$-$	0	$+$
$f(x)$	↗	極大 $4/e^2$	↘	極小 0	↗

よって $f(x)$ は $x=-2$ で極大値 $4/e^2$，$x=0$ で極小値 0 をとる．　◇

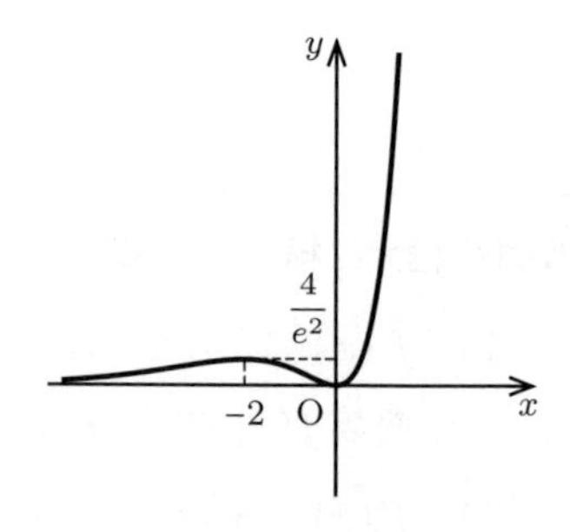

図 3.20　$y=x^2e^x$ のグラフ

問 24. 次の関数の増減を調べ，極値を求めよ．

(1) $f(x) = \dfrac{x^2 - 3}{x - 2}$　　(2) $f(x) = x \log x$

(3) $f(x) = x^2 e^{-2x}$　　(4) $f(x) = x - 4\sqrt{x}$

関数 $f(x)$ が第 2 次導関数 $f''(x)$ をもつとする．$f''(x)$ は $f'(x)$ の導関数であるから，次が成り立つ．

・$f''(x) > 0$ となる区間では，$f'(x)$ の値は増加する．

・$f''(x) < 0$ となる区間では，$f'(x)$ の値は減少する．

このことを利用して，極値を判定することができる．

第 2 次導関数と極値

関数 $f(x)$ が連続な第 2 次導関数をもつとき

(i)　$f'(a) = 0$ かつ $f''(a) < 0$ ならば，$f(a)$ は極大値である．

(ii)　$f'(a) = 0$ かつ $f''(a) > 0$ ならば，$f(a)$ は極小値である．

なお，上に記した $f''(a)$ の符号に関する条件を **2 階の条件**ともいう．

証明

(i) $f''(x)$ は連続なので，$f''(a) < 0$ のとき，$x = a$ の十分近くでは $f''(x) < 0$ である．したがって，$f'(x)$ は減少する．

$f'(a) = 0$ であるから

$x < a$ では　$f'(x) > 0$

$x > a$ では　$f'(x) < 0$

ゆえに，$f(a)$ は極大値である．

(ii) についても同様に示すことができる．□

x	$\cdots$	a	$\cdots$
$f'(x)$	$+$	0	$-$
$f''(x)$	$-$	$-$	$-$
$f(x)$	↗	極大	↘

【注意】 $f'(a) = 0$，$f''(a) = 0$ である場合には，$f(a)$ は極値であることもあり，極値でないこともある．例えば，$f(x) = x^3$ のとき，$f'(0) = 0$，$f''(0) = 0$ であるが，$f(0)$ は極値ではない．一方，$f(x) = x^4$ のとき，$f'(0) = 0$，$f''(0) = 0$ であり，$f(0)$ は極小値である．なお，$f(x) = x^3$，$f(x) = x^4$ のグラフについては，それぞれ図 3.12 (p.83)，図 3.25 (p.110) を参照．

3.8.4 関数のグラフの概形

〔1〕 曲線の凹凸

ある区間で曲線 $y = f(x)$ の接線の傾き $f'(x)$ が，x の増加にともなって大きくなるとき，曲線はその区間で**下に凸**であるという（図 **3.21** 参照）．

また，ある区間で曲線 $y = f(x)$ の接線の傾き $f'(x)$ が，x の増加にともなって小さくなるとき，曲線はその区間で**上に凸**であるという（図 **3.22** 参照）．

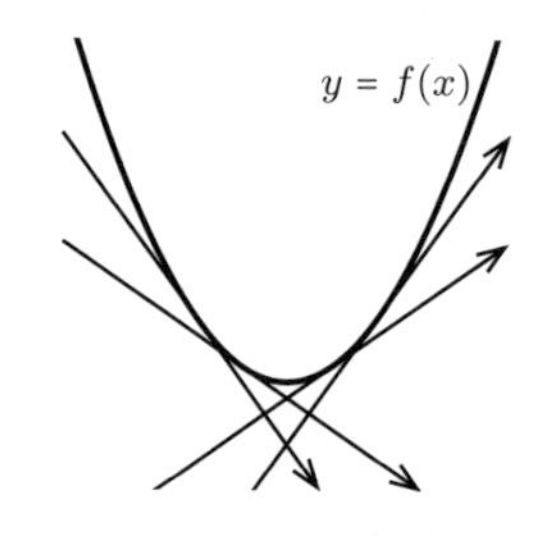

図 3.21　下に凸 ($f''(x) > 0$)

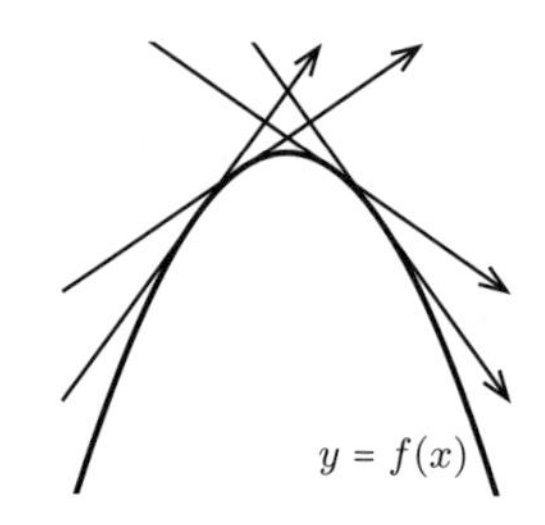

図 3.22　上に凸 ($f''(x) < 0$)

関数 $f(x)$ が第 2 次導関数 $f''(x)$ をもつとする．$f''(x) > 0$ となる区間では，$f'(x)$ の値は増加し，$f''(x) < 0$ となる区間では，$f'(x)$ の値は減少するから，次のことが成り立つ．

> **曲線の凹凸**
>
> 関数 $f(x)$ は第 2 次導関数 $f''(x)$ をもつとする．
>
> (i) $f''(x) > 0$ となる区間では，曲線 $y = f(x)$ は下に凸である．
>
> (ii) $f''(x) < 0$ となる区間では，曲線 $y = f(x)$ は上に凸である．

曲線 C がある区間で下に凸であるとき，その区間にある C 上の任意の 2 点 P，Q に対して，弧 PQ は線分 PQ の下側にある．また，上に凸であるとき，弧 PQ は線分 PQ の上側にある（図 **3.23**，**3.24** 参照）．

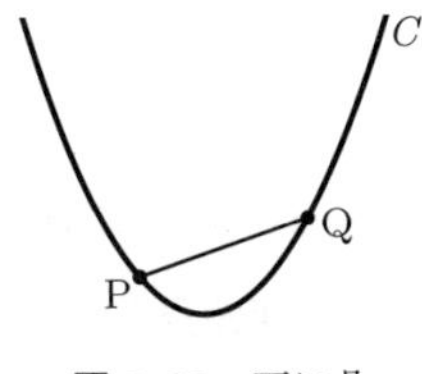

図 3.23　下に凸

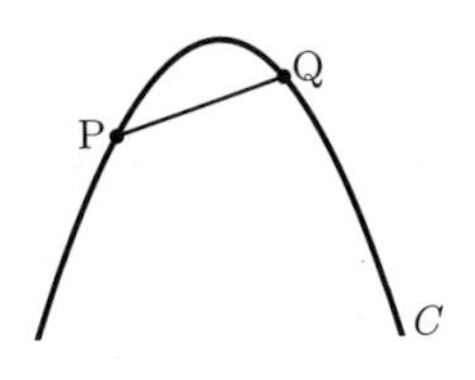

図 3.24　上に凸

これらを式で表すと次のようになる.

曲線 $y = f(x)$ 上の異なる 2 点を P $(x_1, f(x_1))$，Q $(x_2, f(x_2))$ とする．任意の $t\,(0 < t < 1)$ に対して

$$(1-t)f(x_1) + tf(x_2) > f((1-t)x_1 + tx_2) \tag{3.15}$$

が成り立つとき，関数 $f(x)$ は下に凸であり

$$(1-t)f(x_1) + tf(x_2) < f((1-t)x_1 + tx_2) \tag{3.16}$$

が成り立つとき，関数 $f(x)$ は上に凸である.

ここで，式 (3.15)，(3.16) の左辺は線分 PQ を $t : 1-t$ に内分する点 R の y 座標であり，右辺は x 座標が R と同じで C 上にある点の y 座標である.

例 3.10　曲線 $y = x^3 - 3x + 2$ の凹凸を調べる.

この曲線の増減表とグラフについては，例 3.3（p.81）を参照.

$$y' = 3x^2 - 3, \quad y'' = 6x$$

x	$\cdots$	0	$\cdots$
y''	$-$	0	$+$
y	上に凸	2	下に凸

$y'' = 0$ とすると $x = 0$

y'' の符号を調べて凹凸の表を作ると，

右のようになる.

よって，曲線 $y = x^3 - 3x + 2$ は，$x < 0$ のとき上に凸，$x > 0$ のとき下に凸である.

---

〔2〕 変　曲　点

例 3.10 の曲線 $y = x^3 - 3x + 2$ では，点 $(0, 2)$ を境目として凹凸が変わっている．このように，曲線 $y = f(x)$ 上の点 P $(a, f(a))$ を境目として，曲線の凹凸の状態が変わるとき，点 P を曲線 $y = f(x)$ の**変曲点**という．例 3.10 の曲線の変曲点は $(0, 2)$ である．

点 $(a, f(a))$ が曲線 $y = f(x)$ の変曲点ならば，$f''(a) = 0$ である．しかし，$f''(a) = 0$ であっても，点 $(a, f(a))$ が曲線 $y = f(x)$ の変曲点であるとは限らない．

例えば，$f(x) = x^4$（**図 3.25** 参照）では，$f''(x) = 12x^2$ より $f''(0) = 0$ であるが，$x = 0$ の前後で $f''(x) > 0$ であるから，曲線 $y = f(x)$ の凹凸は変わらない．よって，原点 O は変曲点ではない．

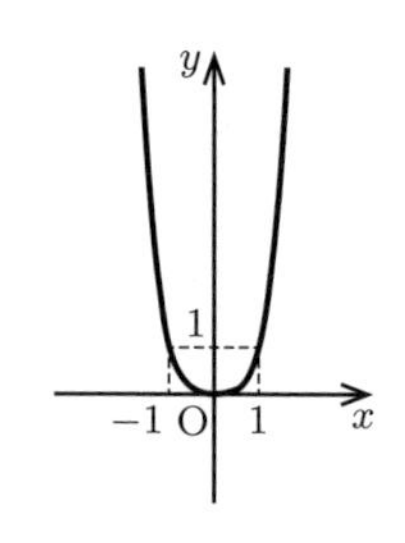

図 3.25　$y = x^4$ のグラフ

> **変曲点**
>
> 関数 $f(x)$ は第 2 次導関数 $f''(x)$ をもつとする．
>
> (i)　$f''(a) = 0$ のとき，$x = a$ の前後で $f''(x)$ の符号が変わるならば，点 $(a, f(a))$ は曲線 $y = f(x)$ の変曲点である．
>
> (ii)　点 $(a, f(a))$ が曲線 $y = f(x)$ の変曲点ならば $f''(a) = 0$ である．

〔3〕 関数のグラフの概形

曲線 $y = f(x)$ の概形をかくときには，次のようなことに注意して曲線の性質を調べる．

(1) 定義域　(2) 対称性　(3) 増減，極値　(4) 凹凸，変曲点

(5) 座標軸との交点　(6) 漸近線　(7) 連続でない点，微分可能でない点の様子

例題 3.18　関数 $y = e^{-x^2/2}$ の増減，極値，曲線の凹凸および変曲点を調べて，グラフをかけ．

【解答】 この関数の定義域は実数全体である.

$$y' = -xe^{-x^2/2}$$
$$y'' = -e^{-x^2/2} - x(-xe^{-x^2/2}) = (x^2-1)e^{-x^2/2}$$

$y'=0$ とすると $x=0$

$y''=0$ とすると $x=-1,\ 1$

増減, 凹凸の表とグラフは以下のようになる.

x	$\cdots$	-1	$\cdots$	0	$\cdots$	1	$\cdots$
y'	$+$	$+$	$+$	0	$-$	$-$	$-$
y''	$+$	0	$-$	$-$	$-$	0	$+$
y	⤴	変曲点 $e^{-1/2}$	↱	極大 1	↴	変曲点 $e^{-1/2}$	↳

以上より, $x=0$ で極大値 1 をとる.
変曲点は $\left(-1, \dfrac{1}{\sqrt{e}}\right)$, $\left(1, \dfrac{1}{\sqrt{e}}\right)$ である. $\displaystyle\lim_{x\to-\infty} e^{-x^2/2} = 0$, $\displaystyle\lim_{x\to\infty} e^{-x^2/2} = 0$ より, x 軸は漸近線である. ◇

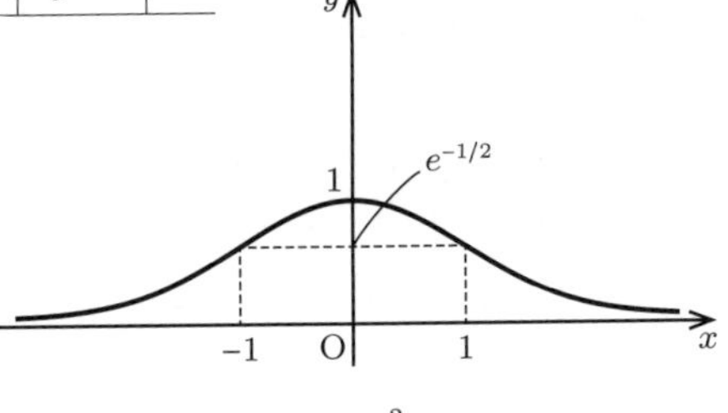

図 3.26 $y = e^{-x^2/2}$ のグラフ

【注意】 例題 3.18 の表中の ↳, ⤴ は下に凸の状態での減少, 増加を表し, ↱, ↴ は上に凸の状態での増加, 減少を表す.

問 25. 次の関数の増減, 極値, 曲線の凹凸および変曲点を調べて, グラフをかけ.

(1) $f(x) = x^3 - \dfrac{x^4}{4}$　　(2) $f(x) = xe^{-x}$　　(3) $f(x) = \dfrac{x^2}{x-2}$

3.9 不定形の極限 *

例えば, $\displaystyle\lim_{x\to\infty} \frac{x}{e^x}$ のような極限は, そのままでは $\dfrac{\infty}{\infty}$ の形となるため, 直接には極限値が求められない. 同じことが, $\dfrac{0}{0}$, $\infty-\infty$, $\infty\cdot 0$ などの形にもいえる. これらを**不定形の極限値**という.

この極限値を求めるのに, 次の定理が有用である.

ロピタルの定理

関数 $f(x)$，$g(x)$ は $x=a$ の近くで微分可能で，$f(a)=0$，$g(a)=0$ であるとする．このとき，極限値 $\displaystyle\lim_{x\to a}\frac{f'(x)}{g'(x)}$ が存在するならば

$$\lim_{x\to a}\frac{f(x)}{g(x)} = \lim_{x\to a}\frac{f'(x)}{g'(x)}$$

が成り立つ．ただし，$x=a$ の近くでつねに $g'(x)\neq 0$ とする．

証明　x が a に近いとき，コーシーの平均値の定理（p.103）により，a と x の間に

$$\frac{f(x)-f(a)}{g(x)-g(a)} = \frac{f'(c)}{g'(c)} \tag{3.17}$$

を満たす c が存在する．$f(a)=g(a)=0$ であるから，式 (3.17) は

$$\frac{f(x)}{g(x)} = \frac{f'(c)}{g'(c)}$$

となる．$x\to a$ のとき $c\to a$ であるから

$$\lim_{x\to a}\frac{f(x)}{g(x)} = \lim_{x\to a}\frac{f'(x)}{g'(x)}$$

□

【注意】 次の場合にも，$\displaystyle\lim_{x\to a}\frac{f(x)}{g(x)} = \lim_{x\to a}\frac{f'(x)}{g'(x)}$ が成り立ち，これらもまとめてロピタルの定理という．

(i) $\displaystyle\lim_{x\to a} f(x) = \pm\infty$，$\displaystyle\lim_{x\to a} g(x) = \pm\infty$ で，$\displaystyle\lim_{x\to a}\frac{f'(x)}{g'(x)}$ が存在する場合

(ii) $\displaystyle\lim_{x\to\infty}$，$\displaystyle\lim_{x\to-\infty}$，$\displaystyle\lim_{x\to a+0}$，$\displaystyle\lim_{x\to a-0}$ の場合

例題 3.19　次の極限を求めよ．

(1) $\displaystyle\lim_{x\to\infty} x^2 e^{-x}$　　(2) $\displaystyle\lim_{x\to+0} x\log x$

【解答】

(1) ロピタルの定理を 2 回用いて

$$\lim_{x\to\infty} x^2 e^{-x} = \lim_{x\to\infty}\frac{x^2}{e^x} = \lim_{x\to\infty}\frac{2x}{e^x} = \lim_{x\to\infty}\frac{2}{e^x} = 0$$

(2) ロピタルの定理を適用できるように式を変形して

$$\lim_{x\to+0} x\log x = \lim_{x\to+0}\frac{\log x}{\frac{1}{x}} = \lim_{x\to+0}\frac{\frac{1}{x}}{-\frac{1}{x^2}} = \lim_{x\to+0}(-x) = 0 \qquad \diamond$$

問 26. 次の極限を求めよ.

(1) $\displaystyle\lim_{x\to 0}\frac{e^x - e^{-x}}{x}$　(2) $\displaystyle\lim_{x\to\infty}\frac{\log(x+1)}{x}$　(3) $\displaystyle\lim_{x\to 0}\frac{x}{\log(x+1)}$

3.10 テイラーの定理 *

3.10.1 テイラーの定理 *

本項では，微分可能な関数を多項式

$$a_0 + a_1x + a_2x^2 + \cdots\cdots + a_{n-1}x^{n-1} + a_nx^n$$

で近似する方法について扱う.

平均値の定理では，関数 $y = f(x)$ において x が a から b まで変化したときの関数値の変化を

$$f(b) = f(a) + f'(c)(b-a) \qquad (a < c < b)$$

のように導関数 $f'(x)$ を用いて表した．本節で扱うテイラーの定理は，この変化を $f(x)$ の高次導関数を用いてさらに精密に表すものである.

テイラーの定理 I

$f(x)$ は a，b を含む区間で n 回微分可能とする．このとき

$$f(b) = f(a) + f'(a)(b-a) + \frac{f''(a)}{2!}(b-a)^2 + \cdots + \frac{f^{(n-1)}(a)}{(n-1)!}(b-a)^{n-1} + R_n$$

$$\text{ただし，} R_n = \frac{f^{(n)}(c)}{n!}(b-a)^n$$

をみたす c が a と b の間に存在する.

【注意】 R_n を剰余項と呼ぶ.

証明　$a<b$ とし，簡単のため $n=3$ の場合，すなわち

$$f(b)=f(a)+f'(a)(b-a)+\frac{f''(a)}{2!}(b-a)^2+\frac{f'''(c)}{3!}(b-a)^3$$

を満たす c $(a<c<b)$ が存在することを証明する．

$$f(b)-f(a)-f'(a)(b-a)-\frac{f''(a)}{2!}(b-a)^2=\frac{(b-a)^3}{3!}K$$

が成り立つような定数 K をとる．ここで，$K=f'''(c)$ を満たす数 c $(a<c<b)$ が存在することを示せばよい．

$$F(x)=f(b)-f(x)-f'(x)(b-x)-\frac{f''(x)}{2!}(b-x)^2-\frac{(b-x)^3}{3!}K$$

とおく．$F(a)=F(b)=0$ であり，$F(x)$ は a，b を含む区間で微分可能であるから，ロルの定理（p.101）を適用できる．ここで

$$\begin{aligned}F'(x)&=-f'(x)-\{f''(x)(b-x)-f'(x)\}\\&\qquad-\left\{\frac{f'''(x)}{2}(b-x)^2-\frac{f''(x)}{2}\cdot 2(b-x)\right\}-\frac{-3(b-x)^2}{6}K\\&=-\frac{f'''(x)}{2}(b-x)^2+\frac{(b-x)^2}{2}K\\&=\frac{(b-x)^2}{2}\{-f'''(x)+K\}\end{aligned}$$

ゆえにロルの定理より

$$F'(c)=\frac{(b-c)^2}{2}\{-f'''(c)+K\}=0$$

すなわち，$K=f'''(c)$ を満たす c $(a<c<b)$ が存在する．

なお，$a>b$ の場合も $a>c>b$ として成り立つ．　□

ここで，$\theta=\dfrac{c-a}{x-a}$ とおくと，テイラーの定理 I は次のように書き直せる．

テイラーの定理 II

関数 $f(x)$ が a を含む開区間で n 回微分可能ならば

$$\begin{aligned}f(x)&=f(a)+f'(a)(x-a)+\frac{f''(a)}{2!}(x-a)^2+\cdots\\&\qquad+\frac{f^{(n-1)}(a)}{(n-1)!}(x-a)^{n-1}+R_n\end{aligned}\qquad(3.18)$$

$$ただし,\ R_n = \frac{f^{(n)}(a+\theta(x-a))}{n!}(x-a)^n$$

を満たす θ $(0<\theta<1)$ が存在する.

$f(x)$ が a を含む区間で n 回微分可能であるとき，テイラーの定理の剰余項 R_n が 0 に近ければ，$f(x)$ を次のように近似することができる.

$$f(x) \fallingdotseq f(a) + f'(a)(x-a) + \frac{f''(a)}{2!}(x-a)^2 + \cdots + \frac{f^{(n-1)}(a)}{(n-1)!}(x-a)^{n-1}$$

このとき，R_n はこの近似式の誤差である．上の近似式において，$n=2,3$ の場合をそれぞれ，**1 次近似式**，**2 次近似式**という.

1 次近似式・2 次近似式

$f(x)$ の $x=a$ における 1 次近似式は

$$f(x) \fallingdotseq f(a) + f'(a)(x-a)$$

となる.

同様に，$f(x)$ の $x=a$ における 2 次近似式は

$$f(x) \fallingdotseq f(a) + f'(a)(x-a) + \frac{f''(a)}{2}(x-a)^2$$

となる.

関数 $f(x)$ が $x=a$ を含む区間で何回でも微分可能であるとき，テイラーの定理により，その区間の x と任意の n に対してある θ $(0<\theta<1)$ が存在して，式 (3.18) が成り立つ.

ここで，$n\to\infty$ のとき $R_n\to 0$ となるような x に対して，$f(x)$ は次のような無限級数で表されることになる．この無限級数を $f(x)$ の（$x=a$ における）**テイラー展開**または**テイラー級数**という.

テイラー展開

$$f(x) = f(a) + f'(a)(x-a) + \frac{f''(a)}{2!}(x-a)^2 + \cdots + \frac{f^n(a)}{n!}(x-a)^n + \cdots$$

3.10.2　マクローリンの定理 *

テイラーの定理で特に $a = 0$ の場合をマクローリンの定理という.

マクローリンの定理

関数 $f(x)$ が $x = 0$ を含む開区間で n 回微分可能ならば

$$f(x) = f(0) + f'(0)\,x + \frac{f''(0)}{2!}\,x^2 + \cdots + \frac{f^{(n-1)}(0)}{(n-1)!}\,x^{n-1} + R_n$$

$$\text{ただし,}\ R_n = \frac{f^{(n)}(\theta x)}{n!}\,x^n$$

を満たす $\theta\ (0 < \theta < 1)$ が存在する.

例 3.11　$f(x) = e^x$ について

$$f^{(k)}(x) = e^x, \qquad f^{(k)}(0) = 1 \qquad (k = 1, 2, \cdots, n)$$

であるから, マクローリンの定理により

$$e^x = 1 + x + \frac{x^2}{2!} + \frac{x^3}{3!} + \cdots + \frac{x^{n-1}}{(n-1)!} + \frac{e^{\theta x}}{n!}x^n \qquad (0 < \theta < 1)$$

関数 $f(x)$ が $x = 0$ を含む区間で n 回微分可能であるとき, マクローリンの定理の剰余項 R_n が 0 に近ければ, $f(x)$ を次のように近似することができる.

$$f(x) \fallingdotseq f(0) + f'(0)\,x + \frac{f''(0)}{2!}\,x^2 + \cdots + \frac{f^{(n-1)}(0)}{(n-1)!}\,x^{n-1}$$

このとき, R_n はこの近似式の誤差である.

例 3.12 例 3.11 より，e^x の近似式として

$$e^x \fallingdotseq 1 + x + \frac{x^2}{2!} + \frac{x^3}{3!} + \cdots + \frac{x^{n-1}}{(n-1)!}$$

をとると，誤差は $R_n = \dfrac{e^{\theta x}}{n!}x^n$ で与えられる．ただし，$0 < \theta < 1$ である．

関数 $f(x)$ の $x = 0$ における 1 次近似式は

$$f(x) \fallingdotseq f(0) + f'(0)\,x$$

となる．したがって，x が十分小さいとき，次の近似式が成り立つ．

$$e^x \fallingdotseq 1 + x$$

$$\log(1 + x) \fallingdotseq x$$

$$(1 + x)^n \fallingdotseq 1 + nx$$

$$\sqrt{1 + x} \fallingdotseq 1 + \frac{x}{2}$$

例 3.13 例 3.12 で $n = 9$ として e の近似値を求めると

$$e \fallingdotseq 1 + 1 + \frac{1}{2!} + \frac{1}{3!} + \cdots + \frac{1}{8!} = 2.71827877$$

となる．ちなみに $e = 2.7182818\cdots$ である．

テイラー展開で特に $a = 0$ の場合を**マクローリン展開**または**マクローリン級数**という．

マクローリン展開

$$f(x) = f(0) + f'(0)\,x + \frac{f''(0)}{2!}x^2 + \cdots + \frac{f^n(0)}{n!}x^n + \cdots$$

マクローリン展開の代表例は，以下のとおりとなる．なお，$x^0 = 1$，$0! = 1$ とする．

マクローリン展開の代表例

(i) $e^x = 1 + x + \dfrac{x^2}{2!} + \dfrac{x^3}{3!} + \cdots + \dfrac{x^n}{n!} + \cdots \quad (-\infty < x < \infty)$

(ii) $\log(1+x) = x - \dfrac{x^2}{2} + \dfrac{x^3}{3} - \dfrac{x^4}{4} + \cdots + \dfrac{(-1)^{n-1}x^n}{n} + \cdots \quad (-1 < x < 1)$

(iii) α は実数とする．

$$(1+x)^\alpha = 1 + \binom{\alpha}{1}x + \binom{\alpha}{2}x^2 + \binom{\alpha}{3}x^3 + \cdots + \binom{\alpha}{n}x^n + \cdots \quad (-1 < x < 1)$$

ここで

$$\binom{\alpha}{n} = \frac{\alpha(\alpha-1)(\alpha-2)\cdots(\alpha-n+1)}{n!}, \qquad \binom{\alpha}{0} = 1$$

なお，α が自然数のときは，二項定理の式になる（付録 p.194 参照）．

(iii) の特別なケースとして次の式が成り立つ．

$$\frac{1}{1+x} = 1 - x + x^2 - \cdots + (-1)^n x^n + \cdots \qquad (-1 < x < 1)$$

$$\frac{1}{1-x} = 1 + x + x^2 + \cdots + x^n + \cdots \qquad (-1 < x < 1)$$

コーヒーブレイク：収益率の近似計算

テイラーの定理やマクローリンの定理は，時間とともに観測される経済変数の変化率の近似計算に用いられている．

ある証券の各期ごとの価格を X_t $(t = 0, 1, 2, \cdots)$ とする．このとき，$t+1$ 期での収益率 R_{t+1} は以下のように表される．

$$R_{t+1} = \frac{X_{t+1} - X_t}{X_t}$$

例えば，t 期に 1000 円だった証券が $t+1$ 期に 1050 円となった場合の収益率は

$$\frac{1050 - 1000}{1000} = 0.05$$

と計算される．

x が十分小さいとき，$\log(1+x)$ の 1 次近似は，p.117 より

$$\log(1+x) \fallingdotseq x$$

と表される．ここで，$x = R_{t+1}$ を代入すると

$$R_{t+1} \fallingdotseq \log(1 + R_{t+1}) = \log\left(1 + \frac{X_{t+1} - X_t}{X_t}\right)$$

$$= \log\frac{X_{t+1}}{X_t} = \log X_{t+1} - \log X_t$$

となる．

実際，この式に上述の $X_t = 1000$，$X_{t+1} = 1050$ を代入すると

$$R_{t+1} \fallingdotseq \log X_{t+1} - \log X_t$$

$$\fallingdotseq 6.95654544 - 6.90775528 = 0.04879016$$

となり，近似値が得られる．

このように，収益率は変数の対数差分によって近似計算することができる．日々の株価などの変化率は 0 に近い値をとるため，この近似式は精度が高く，実務でも取り入れられている．

4章　多変数関数の微分

4.1　2変数関数の極限

4.1.1　2変数関数とグラフ

2つの変数 x と y の値を定めるとそれに対応してもう1つの変数 z の値がただ一つ定まるとき，z は2変数 x と y の関数であるという．

一般に z が x と y の関数であるとき，$z = f(x, y)$ と表す．ここで，x と y は独立変数，z は従属変数である．

独立変数が3つ以上の関数も同様に考えられる．3変数以上の関数の取り扱いや理論は2変数関数の場合と同様に考えられるので，本章では主として2変数関数を扱うこととする．なお，2変数以上の関数を**多変数関数**という．

2変数関数 $z = f(x, y)$ の定義域は，2つの実数 x，y の組 (x, y) の変化する範囲であり，xy 平面上の領域となる．この領域を D で表す．また，(x, y) が定義域内のすべての点をとるとき，それらに対応する z の値のとりうる範囲がこの関数の値域となる．

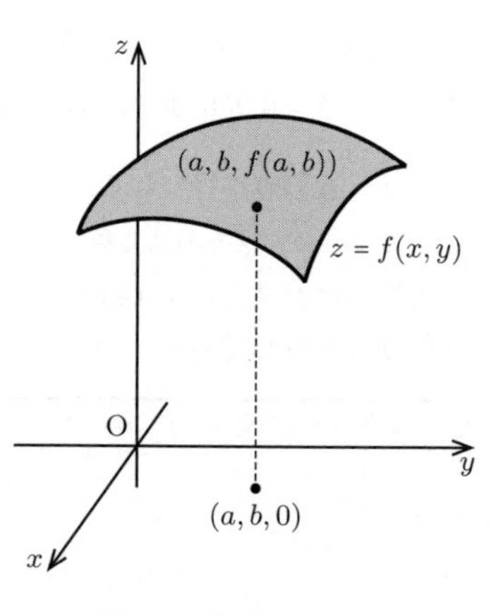

図 **4.1**　曲面 $z = f(x, y)$

2変数関数 $z = f(x, y)$ を図形的に表現するには，xy 平面の原点を通り，x 軸と y 軸に直交する直線を z 軸とする座標空間を考える．これを xyz 空間と呼ぶ．座標が

$(x, y, f(x, y))$ であるような点全体のつくる図形を関数 $z = f(x, y)$ のグラフという．

一般に，1変数関数 $y = f(x)$ のグラフは xy 平面の曲線であったが，2変数関数 $z = f(x, y)$ のグラフは xyz 空間の曲面となる（**図 4.1** 参照）．

4.1.2　2変数関数の極限

2変数関数 $z = f(x, y)$ において，xy 平面上の点 (x, y) が点 (a, b) に限りなく近づくとき，それに応じて $f(x, y)$ の値が一定の値 α に限りなく近づくことを

$$\lim_{(x,y)\to(a,b)} f(x, y) = \alpha \quad \text{または} \quad f(x, y) \to \alpha \quad \big((x, y) \to (a, b)\big)$$

と表し

(x, y) が (a, b) に近づくときの $f(x, y)$ の**極限値**は α である

という．また，このとき，$f(x, y)$ は α に**収束**するという．

ただし，(x, y) が (a, b) に限りなく近づくとは，$(x, y) \neq (a, b)$ を保ちながら近づくものとする．

【注意】 上の定義は，極限値 α が存在するとき，(x, y) の (a, b) への近づき方がどのようであっても，$f(x, y)$ はつねに一定の値 α に近づくことを意味する．

2変数関数の極限値についても，1変数関数の場合と同様に，次の性質が成り立つ．

2変数関数の極限値の性質

$\displaystyle\lim_{(x,y)\to(a,b)} f(x, y) = \alpha,\ \lim_{(x,y)\to(a,b)} g(x, y) = \beta$ であるとき

(i) $\displaystyle\lim_{(x,y)\to(a,b)} cf(x, y) = c\alpha$　　（c は定数）

(ii) $\displaystyle\lim_{(x,y)\to(a,b)} \{f(x, y) \pm g(x, y)\} = \alpha \pm \beta$　　（複号同順）

(iii) $\displaystyle\lim_{(x,y)\to(a,b)} f(x, y)g(x, y) = \alpha\beta$

(iv) $\displaystyle \lim_{(x,y)\to(a,b)} \frac{f(x,y)}{g(x,y)} = \frac{\alpha}{\beta}$　　（ただし $\beta \neq 0$）

4.1.3　2 変数関数の連続性

関数 $z = f(x,y)$ の定義域 D 内に点 (a,b) をとる．このとき，2 つの条件

・ $\displaystyle \lim_{(x,y)\to(a,b)} f(x,y)$　が存在する

・ $\displaystyle \lim_{(x,y)\to(a,b)} f(x,y) = f(a,b)$

が成り立つならば，関数 $f(x,y)$ は点 (a,b) で**連続**であるという．

関数 $f(x,y)$ が領域 D のすべての点で連続であるとき，$f(x,y)$ は D で連続であるという．

関数の連続性

関数 $f(x,y)$，$g(x,y)$ が (a,b) で連続であるとき，次の関数も (a,b) で連続である．

(i) $cf(x,y)$　（c は定数）　　(ii) $f(x,y) \pm g(x,y)$

(iii) $f(x,y)\,g(x,y)$　　(iv) $\dfrac{f(x,y)}{g(x,y)}$　（ただし $g(a,b) \neq 0$）

4.2　偏微分係数と偏導関数

2 変数関数 $z = f(x,y)$ において y を一定の値 b に固定すると，x だけの関数 $z = f(x,b)$ となる．この関数の $x = a$ における微分係数が存在するとき，これを (a,b) における $f(x,y)$ の ***x* についての偏微分係数**と呼び，$f_x(a,b)$ で表す．すなわち

$$f_x(a,b) = \lim_{h\to 0} \frac{f(a+h,b) - f(a,b)}{h}$$

同様に，$z = f(x, y)$ において x を一定の値 a に固定すると，y だけの関数 $z = f(a, y)$ となる．この関数の $y = b$ における微分係数が存在するとき，これを (a, b) における $f(x, y)$ の **$\boldsymbol{y}$ についての偏微分係数**と呼び，$f_y(a, b)$ で表す．すなわち

$$f_y(a, b) = \lim_{k \to 0} \frac{f(a, b+k) - f(a, b)}{k}$$

偏微分係数 $f_x(a, b)$，$f_y(a, b)$ が存在するとき，それぞれ，$f(x, y)$ は (a, b) において x について偏微分可能である，y について偏微分可能 である，という．

x，y の両方について偏微分可能であるとき，$f(x, y)$ は (a, b) において**偏微分可能**であるという（図 **4.2** 参照）．

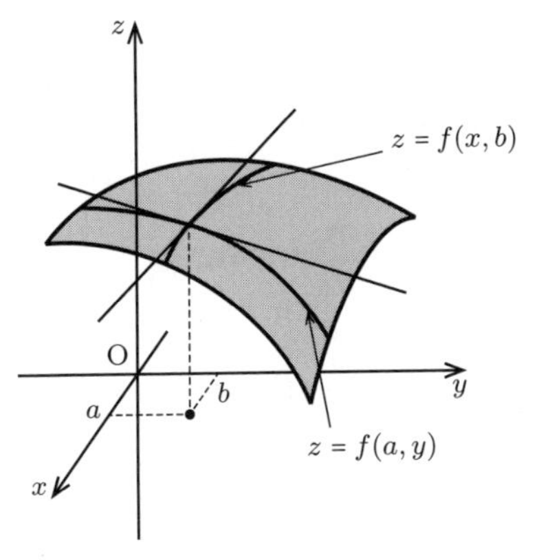

図 **4.2**　(a, b) における偏微分係数

関数 $f(x, y)$ が領域 D のすべての点で偏微分可能であるとき，$f(x, y)$ は D で偏微分可能であるという．

$f(x, y)$ が領域 D で x について偏微分可能であるとき，D の各点 (x, y) で x についての偏微分係数 $f_x(x, y)$ を考えると，x，y の関数となる．この関数を $f(x, y)$ の x についての偏導関数という．

同様に，$f(x, y)$ が領域 D で y について偏微分可能であるとき，y についての偏導関数 $f_y(x, y)$ を考えることができる．

この2つをあわせて，$f(x,y)$ の**偏導関数**という．$f_x(x,y)$，$f_y(x,y)$ を求めることをそれぞれ，$f(x,y)$ を x で偏微分する，$f(x,y)$ を y で偏微分する，という．

偏導関数

(i) 関数 $z=f(x,y)$ の x についての偏導関数

$$f_x(x,y) = \lim_{h\to 0}\frac{f(x+h,y)-f(x,y)}{h}$$

(ii) 関数 $z=f(x,y)$ の y についての偏導関数

$$f_y(x,y) = \lim_{k\to 0}\frac{f(x,y+k)-f(x,y)}{k}$$

関数 $z=f(x,y)$ の偏導関数は，次の記号でも表される[†]．

$f_x(x,y)$ は

$$f_x,\quad z_x,\quad \frac{\partial f}{\partial x},\quad \frac{\partial z}{\partial x},\quad \frac{\partial}{\partial x}f(x,y)$$

$f_y(x,y)$ は

$$f_y,\quad z_y,\quad \frac{\partial f}{\partial y},\quad \frac{\partial z}{\partial y},\quad \frac{\partial}{\partial y}f(x,y)$$

例題 4.1　次の関数の偏導関数を求めよ．また，点 $(2,1)$ における偏微分係数を求めよ．

(1) $f(x,y)=x^2-3xy+y^2$　　(2) $f(x,y)=e^{xy^2}$

【解答】　$f(x,y)$ において y を定数とみなして x で微分すれば $f_x(x,y)$ を得る．同様に，$f(x,y)$ において x を定数とみなして y で微分すれば $f_y(x,y)$ を得る．

(1) $f_x=2x-3y,\quad f_y=-3x+2y$

$f_x(2,1)=2\cdot 2-3\cdot 1=1,\quad f_y(2,1)=-3\cdot 2+2\cdot 1=-4$

(2) $f_x=y^2e^{xy^2},\quad f_y=2xy\,e^{xy^2}$

$f_x(2,1)=e^2,\quad f_y(2,1)=4e^2$　◇

---

† ∂ はラウンドディー，デル，または単にディーと読む．

問 1. 次の関数の偏導関数を求めよ．また，点 (2, 1) における偏微分係数を求めよ．

(1) $f(x,y) = x^3 - 4x^2y + xy + 3y^2$　　(2) $f(x,y) = \dfrac{y}{x}$

(3) $f(x,y) = \dfrac{x-y}{x+y}$　　(4) $f(x,y) = \dfrac{x}{x^2+y^2}$

(5) $f(x,y) = \sqrt{2x+3y}$　　(6) $f(x,y) = \sqrt{x^2-2y^2}$

(7) $f(x,y) = x^3e^y$　　(8) $f(x,y) = e^{x+2y}$

(9) $f(x,y) = \log(x+2y)$　　(10) $f(x,y) = \log(x^2+y^2)$

4.3 高次偏導関数

関数 $z = f(x,y)$ の偏導関数 $f_x(x,y)$, $f_y(x,y)$ はそれ自体が x, y の関数であるから，f_x, f_y がさらに偏微分可能ならば，これらをもう一度 x と y で偏微分した関数を考えることができる．$f_x(x,y)$ の x についての偏導関数を $f_{xx}(x,y)$, $f_x(x,y)$ の y についての偏導関数を $f_{xy}(x,y)$ と表す．同様に，$f_y(x,y)$ の x についての偏導関数を $f_{yx}(x,y)$, $f_y(x,y)$ の y についての偏導関数を $f_{yy}(x,y)$ と表す．これら 4 つの関数を $z = f(x,y)$ の第 2 次偏導関数（または 2 階偏導関数）という．これらは次の記号でも表される：

$f_{xx}(x,y)$ は

$$f_{xx},\quad z_{xx},\quad \frac{\partial}{\partial x}\left(\frac{\partial f}{\partial x}\right),\quad \frac{\partial^2 f}{\partial x^2},\quad \frac{\partial^2 z}{\partial x^2},\quad \frac{\partial^2}{\partial x^2}f(x,y)$$

$f_{xy}(x,y)$ は

$$f_{xy},\quad z_{xy},\quad \frac{\partial}{\partial y}\left(\frac{\partial f}{\partial x}\right),\quad \frac{\partial^2 f}{\partial y\partial x},\quad \frac{\partial^2 z}{\partial y\partial x},\quad \frac{\partial^2}{\partial y\partial x}f(x,y)$$

$f_{yx}(x,y)$ は

$$f_{yx},\quad z_{yx},\quad \frac{\partial}{\partial x}\left(\frac{\partial f}{\partial y}\right),\quad \frac{\partial^2 f}{\partial x\partial y},\quad \frac{\partial^2 z}{\partial x\partial y},\quad \frac{\partial^2}{\partial x\partial y}f(x,y)$$

$f_{yy}(x,y)$ は

$$f_{yy},\quad z_{yy},\quad \frac{\partial}{\partial y}\left(\frac{\partial f}{\partial y}\right),\quad \frac{\partial^2 f}{\partial y^2},\quad \frac{\partial^2 z}{\partial y^2},\quad \frac{\partial^2}{\partial y^2}f(x,y)$$

【注意】 f_{xy} と $\dfrac{\partial^2 f}{\partial y\partial x}$ では x, y の位置が逆になる．f_{yx} と $\dfrac{\partial^2 f}{\partial x\partial y}$ についても同様である．

第2次偏導関数が偏微分可能なときは，さらにそれらの偏導関数を考えることで，第3次偏導関数（または3階偏導関数）が定義される．例えば，f_{xy} をもう一度 y で偏微分したものは第3次偏導関数の1つで，f_{xyy} と表される．第3次偏導関数は

$$f_{xxx},\ f_{xxy},\ f_{xyx},\ f_{xyy},\ f_{yxx},\ f_{yxy},\ f_{yyx},\ f_{yyy}$$

の8個ある．

このようにして，第 n 次偏導関数を考えることができる．第2次以上の偏導関数を**高次偏導関数**（または高階偏導関数）という．

関数 $z = f(x, y)$ の偏導関数は2個，第2次偏導関数は4個，第3次偏導関数は8個あり，一般に第 n 次偏導関数は 2^n 個考えられる．

第 n 次偏導関数がすべて存在するとき，その関数は n 回偏微分可能であるという．

例題 4.2　次の関数の第2次偏導関数を求めよ．

(1) $f(x, y) = x^2y + 2xy$　　(2) $f(x, y) = (3x - 2y)^3$

【解答】

(1) $f_x = 2xy + 2y$，$f_y = x^2 + 2x$ より，
$f_{xx} = 2y$，$f_{xy} = 2x + 2$，$f_{yx} = 2x + 2$，$f_{yy} = 0$

(2) $f_x = 9(3x - 2y)^2$，$f_y = -6(3x - 2y)^2$ より，$f_{xx} = 54(3x - 2y)$，
$f_{xy} = -36(3x - 2y)$，$f_{yx} = -36(3x - 2y)$，$f_{yy} = 24(3x - 2y)$　◇

例題 4.2 の (1)，(2) では，$f_{xy} = f_{yx}$ となっている．関数 $f(x, y)$ の第2次偏導関数 $f_{xy}(x, y)$ と $f_{yx}(x, y)$ は必ずしも等しいとは限らないが，次の定理が成り立つ．

偏微分の順序変更

関数 $z = f(x, y)$ が2回偏微分可能であるとする．$f_{xy}(x, y)$ と $f_{yx}(x, y)$ がともに連続ならば

$$f_{xy}(x,y) = f_{yx}(x,y)$$

このとき，$z=f(x,y)$ の第 2 次偏導関数は，f_{xx}，$f_{xy}\ (=f_{yx})$，f_{yy} の 3 個となる．

一般に，関数 $z=f(x,y)$ の n 次までの偏導関数が存在して，すべて連続ならば，偏微分の順序をどのように変えてもよいことが示されている．例えば，$z=f(x,y)$ の第 3 次までの偏導関数がすべて連続ならば，$f_{xxy}=f_{xyx}=f_{yxx}$ となる．これにより，この関数の第 3 次偏導関数は，f_{xxx}，f_{xxy}，f_{xyy}，f_{yyy} の 4 個と考えてよい．

問 2. 次の関数の第 2 次偏導関数を求めよ．

(1) $f(x,y)=x^3y^2$　　(2) $f(x,y)=(2x+3y)^4$

(3) $f(x,y)=e^{xy}$　　(4) $f(x,y)=\log(x+2y)$

(5) $f(x,y)=\log x^2y$　　(6) $f(x,y)=\dfrac{y}{x+y}$

4.4 合成関数の微分法

関数 $z=f(x,y)$ において，x と y が t の関数 $x=x(t)$，$y=y(t)$ であるとき，合成関数として t の関数 $z=f(x(t),y(t))$ が得られる．このとき，次の定理が成り立つ．

合成関数の微分法 I

$z=f(x,y)$ の偏導関数 f_x, f_y が存在してともに連続であり，$x=x(t)$，$y=y(t)$ が t の関数として微分可能であるとする．このとき，$z=f(x(t),y(t))$ は t に関して微分可能であり，次の式が成り立つ．

$$\frac{dz}{dt} = \frac{\partial f}{\partial x}\frac{dx}{dt} + \frac{\partial f}{\partial y}\frac{dy}{dt} = f_x x'(t) + f_y y'(t)$$

証明　t の増分 Δt に対する x, y の増分をそれぞれ Δx, Δy とし，それに対する z の増分を Δz とすると

$$\begin{aligned}\Delta z &= f(x+\Delta x, y+\Delta y) - f(x,y)\\ &= f(x+\Delta x, y+\Delta y) - f(x, y+\Delta y) + f(x, y+\Delta y) - f(x,y)\end{aligned}$$

一方の変数を固定したとき，他方の変数について平均値の定理 I（p.102）より

$$f(x+\Delta x, y+\Delta y) - f(x, y+\Delta y) = f_x(c_1, y+\Delta y)\Delta x$$
$$f(x, y+\Delta y) - f(x,y) = f_y(x, c_2)\Delta y$$

が成り立つような

$$x < c_1 < x+\Delta x, \quad y < c_2 < y+\Delta y$$

が存在する．したがって

$$\Delta z = f_x(c_1, y+\Delta y)\Delta x + f_y(x, c_2)\Delta y$$
$$\frac{\Delta z}{\Delta t} = f_x(c_1, y+\Delta y)\frac{\Delta x}{\Delta t} + f_y(x, c_2)\frac{\Delta y}{\Delta t}$$

となる．$\Delta t \to 0$ のとき，$\Delta x \to 0$ かつ $\Delta y \to 0$ であり，$c_1 \to x$, $c_2 \to y$ となる．また，f_x, f_y が連続なので

$$f_x(c_1, y+\Delta y) \to f_x(x,y), \quad f_y(x, c_2) \to f_y(x,y)$$

となり，上の公式が成り立つ．　□

次に，$z = f(x,y)$ について，x と y がともに 2 変数 u, v の関数であるときを考える．

合成関数の微分法 II

$z = f(x,y)$ の偏導関数 f_x, f_y が存在してともに連続であるとする．変数 x, y が 2 変数 u, v の関数 $x = x(u,v)$, $y = y(u,v)$ であり，これらがともに偏微分可能であるとする．このとき，$z = f(x,y)$ は u, v に関して偏微分可能であり，次の式が成り立つ．

(i) $$\frac{\partial z}{\partial u} = \frac{\partial f}{\partial x}\frac{\partial x}{\partial u} + \frac{\partial f}{\partial y}\frac{\partial y}{\partial u} = f_x x_u + f_y y_u$$

(ii) $$\frac{\partial z}{\partial v} = \frac{\partial f}{\partial x}\frac{\partial x}{\partial v} + \frac{\partial f}{\partial y}\frac{\partial y}{\partial v} = f_x x_v + f_y y_v$$

証明　(i) $z = f(x(u, v), y(u, v))$ を u で偏微分するには，v を定数とみなし，合成関数の微分法 I で t の代わりに u とする．すなわち，$\dfrac{dx}{dt}$，$\dfrac{dy}{dt}$ の代わりに $\dfrac{\partial x}{\partial u}$，$\dfrac{\partial y}{\partial u}$ となる．(ii) についても同様である．□

例題 4.3　$z = f(x, y) = 2x^2 + 3y^2$ のとき，次の各問に答えよ．

(1) $x = e^t$，$y = e^{-t}$ のとき，$\dfrac{dz}{dt}$ を求めよ．

(2) $x = u + v$，$y = uv$ のとき，$\dfrac{\partial z}{\partial u}$，$\dfrac{\partial z}{\partial v}$ を求めよ．

【解答】　$f_x = 4x$，$f_y = 6y$

(1)　$x'(t) = e^t$，$y'(t) = -e^{-t}$ より

$$\frac{dz}{dt} = 4xe^t - 6ye^{-t} = 4e^te^t - 6e^{-t}e^{-t} = 4e^{2t} - 6e^{-2t}$$

(2)　$x_u = 1$，$x_v = 1$，$y_u = v$，$y_v = u$ より

$$\frac{\partial z}{\partial u} = 4x + 6yv = 4(u + v) + 6uv^2 = 2\left(2u + 2v + 3uv^2\right)$$

$$\frac{\partial z}{\partial v} = 4x + 6yu = 4(u + v) + 6u^2v = 2\left(2u + 2v + 3u^2v\right)$$

◇

問 3.　次の関数 $z = f(x, y)$ について，$\dfrac{dz}{dt}$ を求めよ．

(1) $z = xy$,　$x = t + e^t$,　$y = t - e^t$

(2) $z = x^3 + y^3$,　$x = \dfrac{1}{t}$,　$y = t^2$

問 4.　次の関数 $z = f(x, y)$ について，$\dfrac{\partial z}{\partial u}$, $\dfrac{\partial z}{\partial v}$ を求めよ．

(1) $z = \log(x^2 + y^2)$,　$x = 3u + 2v$,　$y = 3u - 2v$

(2) $z = e^{xy}$,　$x = u - v$,　$y = uv$

4.5　2 変数関数の平均値の定理 *

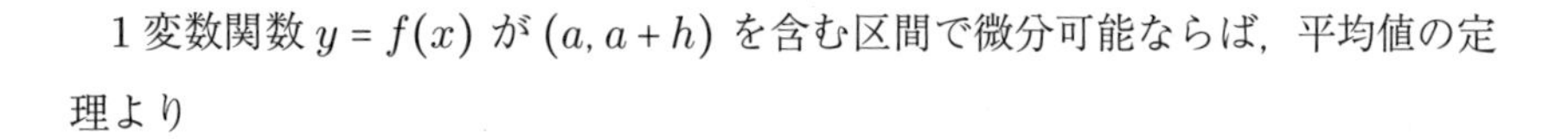

1 変数関数 $y = f(x)$ が $(a, a+h)$ を含む区間で微分可能ならば，平均値の定理より

$$f(a+h) = f(a) + f'(a+\theta h)\,h \tag{4.1}$$

を満たす θ $(0 < \theta < 1)$ が存在する．

2 変数関数 $z = f(x, y)$ についても，次のような平均値の定理が成り立つ．

> **2 変数関数の平均値の定理**
>
> 関数 $z = f(x, y)$ が点 A (a, b) と点 B $(a+h, b+k)$ を結ぶ線分を含む領域で偏微分可能で，f_x と f_y がともに連続であるとする．このとき
>
> $$\begin{aligned} &f(a+h, b+k) \\ &\quad = f(a, b) + hf_x(a+\theta h, b+\theta k) + kf_y(a+\theta h, b+\theta k) \end{aligned} \tag{4.2}$$
>
> が成り立つような θ $(0 < \theta < 1)$ が存在する．

証明　点 P が線分 AB 上を動くとき，パラメータ t $(0 \leqq t \leqq 1)$ を用いて $\mathrm{P}(a+ht, b+kt)$ と表される（図 **4.3** 参照）．

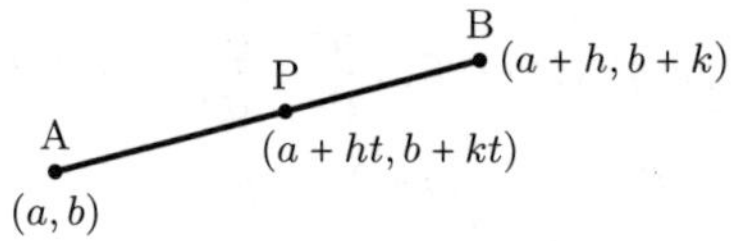

図 **4.3**　AB 上の点 P

関数 $z = f(x, y)$ に対して

$$z = g(t) = f(a+ht, b+kt) \tag{4.3}$$

とおく．合成関数の微分法 I より

$$\frac{dz}{dt} = g'(t) = f_x x'(t) + f_y y'(t)$$
$$= h\,f_x(a+ht, b+kt) + k\,f_y(a+ht, b+kt) \tag{4.4}$$

ここで，t の区間 $[0,1]$ において，$g(t)$ に 1 変数関数の平均値の定理を適用すると，式 (4.1) より

$$g(1) = g(0) + g'(\theta) \tag{4.5}$$

が成り立つような $\theta\,(0 < \theta < 1)$ が存在する．式 (4.3)，式 (4.4) より

$$g(1) = f(a+h, b+k), \qquad g(0) = f(a,b)$$
$$g'(\theta) = h\,f_x(a+\theta h, b+\theta k) + k\,f_y(a+\theta h, b+\theta k)$$

であるから，これらを式 (4.5) に代入して，2 変数関数の平均値の定理を得る．□

式 (4.2) の右辺の項について

$$f_x(a+\theta h, b+\theta k) = f_x(a,b) + \varepsilon_1,$$
$$f_y(a+\theta h, b+\theta k) = f_y(a,b) + \varepsilon_2$$

とおく．f_x，f_y が連続であるから，$(h,k) \to (0,0)$ のとき，$\varepsilon_1 \to 0$，$\varepsilon_2 \to 0$ となる．式 (4.2) は

$$f(a+h, b+k) = f(a,b) + hf_x(a,b) + kf_y(a,b) + \varepsilon_1 h + \varepsilon_2 k$$

と表されるが，$\varepsilon_1 h$，$\varepsilon_2 k$ はそれぞれ h，k に対して極めて小さくなるので，次の式が成り立つ．

2 変数関数の 1 次近似式

関数 $z = f(x,y)$ が点 (a,b) の近くで偏微分可能で，f_x と f_y がともに連続であるとする．h と k が十分に小さいとき，次の近似式が成り立つ．

$$f(a+h, b+k) \fallingdotseq f(a,b) + hf_x(a,b) + kf_y(a,b) \tag{4.6}$$

1 次近似式 (4.6) は，点 $(x,y) = (a,b)$ の近くにおいては，x 方向の増分 h と y 方向の増分 k に対し，全体の増分　$f(a+h, b+k) - f(a,b)$　が $hf_x(a,b) + kf_y(a,b)$　で近似できることを表している．

4.6 全　微　分

関数 $z = f(x, y)$ が点 (x, y) の近くで偏微分可能で，f_x と f_y がともに連続であるとする．

x，y の微小変化量をそれぞれ Δx，Δy とすると，z の増分 Δz は

$$\Delta z = f(x + \Delta x, y + \Delta y) - f(x, y)$$

である．2 変数関数の 1 次近似式 (4.6) より

$$\Delta z \fallingdotseq f_x(x, y)\Delta x + f_y(x, y)\Delta y \tag{4.7}$$

が得られる．この式の右辺を dz （または df） で表す．

$$dz = df = f_x(x, y)\Delta x + f_y(x, y)\Delta y$$

$z = f(x, y) = x$ のとき $f_x = 1$，$f_y = 0$ であるから，$dx = \Delta x$ となる．同様に，$z = f(x, y) = y$ のとき $dy = \Delta y$ となるから，$z = f(x, y)$ について

$$dz = f_x(x, y)\,dx + f_y(x, y)\,dy$$

が成り立つ．これを関数 $z = f(x, y)$ の**全微分**という．

一般に，近似式　$\Delta z \fallingdotseq dz$　が成り立つとき，関数 $z = f(x, y)$ は**全微分可能**であるという．

関数 $z = f(x, y)$ が全微分可能となるための条件は，偏導関数 $f_x(x, y)$，$f_y(x, y)$ が存在して連続であれば十分である．

全微分

$$dz = f_x(x, y)\,dx + f_y(x, y)\,dy$$

例題 4.4　次の関数の全微分を求めよ．

(1) $z = xy^2$　　(2) $z = \log(x^2 + y^2)$

【解答】

(1) $z_x = y^2$, $z_y = 2xy$ より， $dz = y^2\,dx + 2xy\,dy$

(2) $z_x = \dfrac{2x}{x^2+y^2}$, $z_y = \dfrac{2y}{x^2+y^2}$ より， $dz = \dfrac{2}{x^2+y^2}(x\,dx + y\,dy)$ ◇

問 5. 次の関数の全微分を求めよ．

(1) $z = x^2y^3 + x^3y^2$　　(2) $z = e^{x^2+y^2}$

(3) $z = \sqrt{x+y}$　　(4) $z = \log\sqrt{x^2+y^2}$

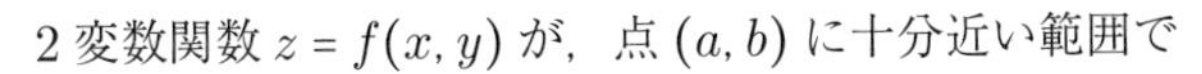

4.7 極 値 問 題

2 変数関数 $z = f(x, y)$ が，点 (a, b) に十分近い範囲で

$$f(x, y) < f(a, b) \qquad ((x, y) \neq (a, b))$$

を満たすとき，$f(x, y)$ は点 (a, b) で**極大**になるといい，その値 $f(a, b)$ を**極大値**という．

同様に，$z = f(x, y)$ が，点 (a, b) に十分近い範囲で

$$f(x, y) > f(a, b) \qquad ((x, y) \neq (a, b))$$

を満たすとき，$f(x, y)$ は点 (a, b) で**極小**になるといい，その値 $f(a, b)$ を**極小値**という．極大値と極小値をあわせて**極値**という（図 **4.4** 参照）．

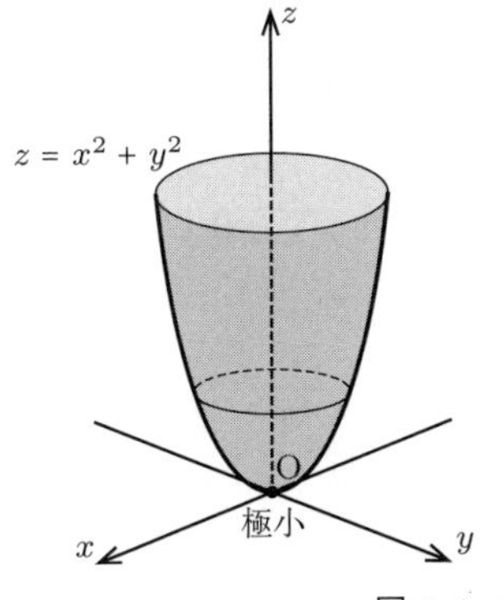

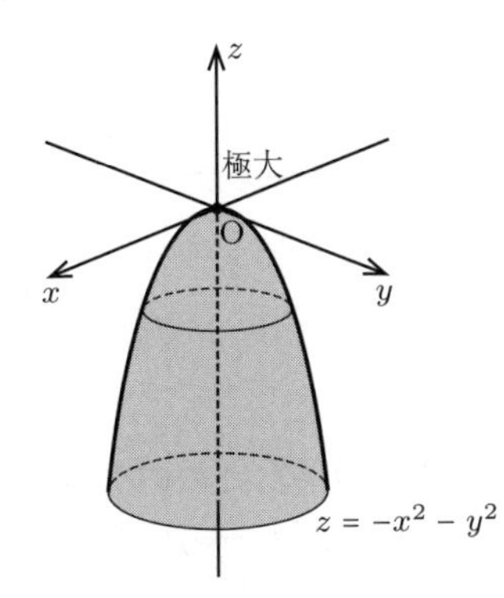

図 **4.4**　2 変数関数の極値

1変数関数 $y = f(x)$ が $x = a$ で極値をとるための必要条件は，$f'(a) = 0$ であった．

2変数関数が極値をとる点については，次が成り立つ．

極値をとるための必要条件

偏微分可能な関数 $f(x, y)$ が点 (a, b) で極値をとるならば

$$f_x(a, b) = 0 \qquad \text{かつ} \qquad f_y(a, b) = 0$$

証明　$f(a, b)$ が極小値であるとする．このとき，0に十分近い h に対し

$$f(a + h, b) - f(a, b) > 0$$

となるので

$$\frac{f(a + h, b) - f(a, b)}{h} > 0 \qquad (h > 0 \text{ のとき})$$

$$\frac{f(a + h, b) - f(a, b)}{h} < 0 \qquad (h < 0 \text{ のとき})$$

が成り立つ．上の2つの式で $h \to 0$ としたときの左辺はどちらも $f_x(a, b)$ に近づき

$$f_x(a, b) \geqq 0, \qquad f_x(a, b) \leqq 0$$

である．よって，$f_x(a, b) = 0$ を得る．同様に，$f_y(a, b) = 0$ も成り立つ．

$f(a, b)$ が極大値であるときも同様に証明できる．　□

$f_x(a, b) = 0$　かつ　$f_y(a, b) = 0$　が成り立つとき，$f(x, y)$ が (a, b) で極値をとるかどうかについては，次の定理が成り立つ（証明については省略する）．

2変数関数の極値の判定

関数 $f(x, y)$ の第2次偏導関数が点 (a, b) の近くで存在して連続であり

$$f_x(a, b) = 0, \qquad f_y(a, b) = 0$$

であるとする．

$$H(x, y) = f_{xx}(x, y)\, f_{yy}(x, y) - \{f_{xy}(x, y)\}^2$$

とおくと，次が成り立つ．

(i)　$H(a, b) > 0$ のとき，$f(a, b)$ は極値であり

・$f_{xx}(a,b) > 0$ ならば極小値

・$f_{xx}(a,b) < 0$ ならば極大値　である．

(ii)　$H(a,b) < 0$ のとき，$f(a,b)$ は極値ではない．

【注意】 $H(a,b) = 0$ のときは，$f(a,b)$ が極値である場合と極値でない場合とがある．したがって，与えられた関数 $f(x,y)$ ごとに別の方法で調べる必要がある（例 4.1 参照）．

例題 4.5　$f(x,y) = x^3 + y^3 - 6xy$ の極値を求めよ．

【解答】　$f(x,y) = x^3 + y^3 - 6xy$ より

$$f_x(x,y) = 3x^2 - 6y, \quad f_y(x,y) = 3y^2 - 6x,$$

$$f_{xx}(x,y) = 6x, \quad f_{xy}(x,y) = -6, \quad f_{yy}(x,y) = 6y$$

連立方程式

$$\begin{cases} f_x(x,y) = 3x^2 - 6y = 0 & \cdots ① \\ f_y(x,y) = 3y^2 - 6x = 0 & \cdots ② \end{cases}$$

を解いて，極値の候補点を求める．

① より　$y = \dfrac{1}{2}x^2$　　$\cdots$ ③

③ を ② に代入して

$3\left(\dfrac{1}{2}x^2\right)^2 - 6x = 0$，すなわち　$x(x^3 - 8) = 0$ となり，$x = 0, 2$

③ より，$x = 0$ のとき $y = 0$，$x = 2$ のとき $y = 2$ となる．

したがって，極値の候補点は $(0,0)$，$(2,2)$ となる．

$$H(x,y) = f_{xx}f_{yy} - \{f_{xy}\}^2 = 36(xy - 1), \quad f_{xx} = 6x$$

なので，それぞれの候補点について判定する．

・$(0,0)$ について

$H(0,0) = 36(0-1) = -36 < 0$　となるので極値をとらない．

・$(2,2)$ について

$H(2,2) = 36(2\cdot 2 - 1) = 108 > 0$　となるので極値をとる．

$f_{xx}(2,2) = 6\cdot 2 > 0$　より極小となり，

極小値は $f(2,2) = 2^3 + 2^3 - 6\cdot 2\cdot 2 = -8$

以上より，関数 $f(x,y)$ は点 $(2,2)$ で極小値 -8 をとる．　◇

例 4.1　関数 $f(x,y)=x^3+y^2$ について

$$f_x(x,y)=3x^2,\ f_y(x,y)=2y,$$
$$f_{xx}(x,y)=6x,\ f_{xy}(x,y)=0,\ f_{yy}(x,y)=2$$

$(x,y)=(0,0)$ で $f_x=f_y=0$ であり，$H(0,0)=0$ となる．
ここで，$f(x,y)$ を x 軸に沿って考えれば，$f(x,0)=x^3$ となり，この値は正にも負にもなるため，点 $(0,0)$ で極値をとらない．

問 6.　次の関数の極値を求めよ．

(1) $f(x,y)=x^2-xy+y^2-3x$　　(2) $f(x,y)=x^3-x^2+y^2$

(3) $f(x,y)=x^3+y^3-12x-3y$　　(4) $f(x,y)=2x^2-4xy+y^4$

(5) $f(x,y)=x^3-6xy+3y^2+6$

(6) $f(x,y)=2x^3+7x^2+8xy+4y^2+4x+4y$

4.8　陰　関　数

4.8.1　陰関数定理

2 変数関数 $z=F(x,y)$ のグラフと xy 平面との交わりは，一般には 1 つの曲線であり，方程式 $F(x,y)=0$ で表される．この方程式は 1 つの関数 $y=f(x)$ を定めると考えられる．この関数 $y=f(x)$ を $F(x,y)=0$ の**陰関数**という．

陰関数定理

関数 $F(x,y)$ は (a,b) を含む領域で連続な偏導関数をもつとする．また，$F(a,b)=0$，$F_y(a,b)\neq 0$ とする．このとき，$f(a)=b$ かつ $F(x,f(x))=0$ となるような関数 $y=f(x)$ が $x=a$ の近くでただ 1 つ存在する．この関数 $y=f(x)$ は微分可能であって

$$\frac{dy}{dx} = -\frac{F_x(x,y)}{F_y(x,y)}$$

この定理の証明は省略する．しかし，$y = f(x)$ が微分可能で $F(x,y) = 0$ を満たすと仮定したとき，合成関数の微分法を用いて $F(x,y) = 0$ の両辺を x で微分すると

$$F_x\frac{dx}{dx} + F_y\frac{dy}{dx} = F_x \cdot 1 + F_y\frac{dy}{dx} = 0$$

を得る．よって，$F_y \neq 0$ ならば

$$\frac{dy}{dx} = -\frac{F_x(x,y)}{F_y(x,y)}$$

例題 4.6　方程式 $x^2 + y^2 = 4$ で定まる陰関数 y を微分せよ．

【解答】　$F(x,y) = x^2 + y^2 - 4$ とすれば $F_x = 2x$，$F_y = 2y$ となる．陰関数定理を用いると，$y \neq 0$ のとき

$$\frac{dy}{dx} = -\frac{2x}{2y} = -\frac{x}{y}$$ ◇

実際，$x^2 + y^2 = 4$ を解くと $y = \pm\sqrt{4 - x^2}$ となり，これを x で微分すると

$$\frac{dy}{dx} = \pm\frac{-2x}{2\sqrt{4-x^2}} = \mp\frac{x}{\sqrt{4-x^2}}$$

したがって，$\pm$ のどちらの符号のときも $\frac{dy}{dx} = -\frac{x}{y}$ となり，例題 4.6 の答と一致する．陰関数定理は与えられた関数を $y = f(x)$ のような形に表さないままで微分する公式であり，このときの答は x と y が混ざった式のままでよい．

問 7.　次の方程式で定まる陰関数 y を微分せよ．

(1) $x^3 + y^3 - 3xy = 0$　　(2) $x^2 - xy + y^2 = 1$

(3) $\sqrt{x} + \sqrt{y} = 1$　　(4) $x + y = e^x + e^y$

4.8.2 陰関数の接線・法線

曲線 C が方程式 $F(x,y)=0$ で与えられているとき，C 上の点 $\mathrm{P}(a,b)$ における接線 ℓ を考える．言い換えれば，$F(x,y)=0$ の陰関数を $y=f(x)$ としたとき，この関数上の点 P (a,b) における接線を考える．

陰関数定理より $F_y(a,b)\neq 0$ のとき，接線 ℓ の傾きは $-\dfrac{F_x(a,b)}{F_y(a,b)}$ である．これより，接線の方程式は

$$y-b=-\frac{F_x(a,b)}{F_y(a,b)}(x-a) \tag{4.8}$$

となるが，式 (4.8) は

$$F_x(a,b)(x-a)+F_y(a,b)(y-b)=0$$

と書くことができる．この形で表すことにより，$F_y(a,b)=0$ のときも，$F_x(a,b)\neq 0$ ならば，曲線 C 上の点 (a,b) における接線の方程式を表すことができる．

また，点 P (a,b) における法線を ℓ' とすると，ℓ の傾きと ℓ' の傾きの積は -1 であるから，ℓ' の方程式は

$$F_y(a,b)(x-a)-F_x(a,b)(y-b)=0$$

である．

接線・法線の方程式

方程式 $F(x,y)=0$ で表される曲線上の点 P (a,b) における接線と法線の方程式は次で与えられる．ただし，$F_x(a,b)$，$F_y(a,b)$ の少なくとも一方は 0 でないとする．

・接線　$F_x(a,b)(x-a)+F_y(a,b)(y-b)=0$

・法線　$F_y(a,b)(x-a)-F_x(a,b)(y-b)=0$

例題 4.7　曲線 $\dfrac{x^2}{4}-y^2=1$ 上の点 $(4,\sqrt{3})$ における接線と法線の方程式を求めよ．

【解答】 $F(x,y)=\dfrac{x^2}{4}-y^2-1$ とおく．$F_x=\dfrac{x}{2}$，$F_y=-2y$ より $F_x(4,\sqrt{3})=2$，$F_y(4,\sqrt{3})=-2\sqrt{3}$

よって，$F(x,y)=0$ 上の点 $(4,\sqrt{3})$ における接線の方程式は

$$2(x-4)-2\sqrt{3}(y-\sqrt{3})=0$$

これを整理して，　$x-\sqrt{3}y-1=0$

法線の方程式は　$-2\sqrt{3}(x-4)-2(y-\sqrt{3})=0$

これを整理して，　$\sqrt{3}x+y-5\sqrt{3}=0$ ◇

問 8. 次の曲線上の点 P における接線と法線の方程式を求めよ．

(1) $2x^2+y^2=2$,　$\mathrm{P}\left(\frac{1}{\sqrt{2}},1\right)$　(2) $x^2-y^2+4y+5=0$,　$\mathrm{P}(4,7)$

(3) $y^2-2x-2y=3$,　$\mathrm{P}(6,5)$

4.8.3 陰関数の極値

方程式 $F(x,y)=0$ で定まる陰関数 $y=f(x)$ について極値を考える．

$y=f(x)$ の導関数が 0 となるような x の値が極値の候補点となる．各候補点で極値をとるかどうかの判定には，3.8.3 項で説明した，第 2 次導関数の符号を調べる方法（p. 107）を用いる．

陰関数定理より

$$f'(x)=\frac{dy}{dx}=-\frac{F_x(x,y)}{F_y(x,y)} \tag{4.9}$$

ここで，$\dfrac{dF_x}{dx}=F_{xx}+F_{xy}\dfrac{dy}{dx}$,　$\dfrac{dF_y}{dx}=F_{yx}+F_{yy}\dfrac{dy}{dx}$

となるので

$$f''(x)=\frac{d^2y}{dx^2}=\frac{d}{dx}\left(-\frac{F_x(x,y)}{F_y(x,y)}\right)=-\frac{\dfrac{dF_x}{dx}\cdot F_y-F_x\cdot\dfrac{dF_y}{dx}}{(F_y)^2}$$

$$=-\frac{\left(F_{xx}+F_{xy}\dfrac{dy}{dx}\right)F_y-F_x\left(F_{yx}+F_{yy}\dfrac{dy}{dx}\right)}{(F_y)^2} \tag{4.10}$$

$y=f(x)$ が $x=a$ において極値 $b=f(a)$ をとるとき，点 (a,b) における接線の傾きは 0 となる．したがって

$$x=a \text{ のとき}\quad \frac{dy}{dx}=0 \tag{4.11}$$

であり，式 (4.9) より

$$F_x(a,b)=0 \tag{4.12}$$

式 (4.10) の $x=a$ における値は，式 (4.11) と (4.12) より

$$f''(a)=-\frac{F_{xx}(a,b)}{F_y(a,b)}$$

ここで，$f''(a)>0$ ならば $y=f(x)$ は $x=a$ で極小値 b，$f''(a)<0$ ならば $y=f(x)$ は $x=a$ で極大値 b をとる．

陰関数の極値

方程式 $F(x,y)=0$ で定まる陰関数 y の極値の求め方は次のとおり．

(i) 候補点として

$$F(x,y)=0, \quad F_x(x,y)=0, \quad F_y(x,y)\neq 0 \tag{4.13}$$

を満たす点 (a,b) を求める．

(ii) 極値の判定をする

・$-\dfrac{F_{xx}(a,b)}{F_y(a,b)}>0$ のとき，b は y の極小値

・$-\dfrac{F_{xx}(a,b)}{F_y(a,b)}<0$ のとき，b は y の極大値

例題 4.8　方程式 $x^2+xy+y^2=9$ で定まる陰関数 y の極値を求めよ．

【解答】　$F(x,y)=x^2+xy+y^2-9$ とおくと

$$F_x=2x+y, \quad F_y=x+2y, \quad F_{xx}=2$$

次の連立方程式を解いて，極値の候補点を求める．

$$\begin{cases} F(x,y)=x^2+xy+y^2-9=0 & \cdots ① \\ F_x(x,y)=2x+y=0 & \cdots ② \end{cases}$$

② より $y=-2x$

これを ① に代入すると　$3x^2=9$ より $x=\pm\sqrt{3}$　を得る．

したがって，$(x,y)=(\sqrt{3},\ -2\sqrt{3}),\ (-\sqrt{3},2\sqrt{3})$

ここで，　$F_y(\sqrt{3},\ -2\sqrt{3})=-3\sqrt{3}\neq 0,\qquad F_y(-\sqrt{3},2\sqrt{3})=3\sqrt{3}\neq 0$

よって，これらの点は極値の候補点の条件 (4.13) を満たす．

$(x,y)=(\sqrt{3},\ -2\sqrt{3})$ において　$-\dfrac{F_{xx}}{F_y}=\dfrac{2}{3\sqrt{3}}>0$　より極小

$(x,y)=(-\sqrt{3},2\sqrt{3})$ において　$-\dfrac{F_{xx}}{F_y}=-\dfrac{2}{3\sqrt{3}}<0$　より極大

以上より，与えられた関数は $x=\sqrt{3}$ で極小値 $-2\sqrt{3}$ をとり，$x=-\sqrt{3}$ で極大値 $2\sqrt{3}$ をとる．　◇

問 9.　次の方程式で定まる陰関数 y の極値を求めよ．

(1) $x^2-xy-x+2y=1$　　(2) $x^2+2xy+2y^2=1$

(3) $x^3-6xy+2y^3=0$　　(4) $xy^2-x^2y=2$

4.9 条件付き極値

x と y の間に $g(x,y)=0$ という関係があるとき，この条件のもとでの関数 $f(x,y)$ の極値を求めたい場合，次の定理を用いる．

ラグランジュの未定乗数法

関数 $f(x,y)$ および $g(x,y)$ は連続な偏導関数をもち，条件

$$g(x,y)=0$$

のもとで関数 $f(x,y)$ が $(x,y)=(a,b)$ で極値をとるとする．このとき，$g_x(a,b)\neq 0$ または $g_y(a,b)\neq 0$ ならば

$$(1)\quad\begin{cases} f_x(a,b)-\lambda g_x(a,b) &= 0 \\ f_y(a,b)-\lambda g_y(a,b) &= 0 \end{cases}$$

を満たす定数 λ が存在する．この λ を**ラグランジュ乗数**という．

証明　$g_y(a,b) \neq 0$ とすると，陰関数定理より，$g(x,y)=0$ の陰関数 $y=\phi(x)$（$\phi(a)=b$ を満たす）が存在して

$$\phi'(a) = -\frac{g_x(a,b)}{g_y(a,b)} \tag{4.14}$$

条件 $g(x,y)=0$ のもとでは，$f(x,y)$ は x だけの関数 $f(x,\phi(x))$ となる．これが $x=a$ で極値をとるから，$x=a$ で微分係数が 0 になる．ここで

$$\{f(x,\phi(x))\}' = f_x(x,\phi(x)) + f_y(x,\phi(x))\phi'(x)$$

となるので

$$f_x(a,\phi(a)) + f_y(a,\phi(a))\phi'(a) = f_x(a,b) + f_y(a,b)\phi'(a) = 0$$

式 (4.14) を代入すると

$$f_x(a,b) - \frac{f_y(a,b)}{g_y(a,b)} g_x(a,b) = 0$$

が成り立つ．ここで，$\dfrac{f_y(a,b)}{g_y(a,b)} = \lambda$ とおけば，連立方程式 (1) が成り立つ．

$g_x(a,b) \neq 0$ の場合も同様に証明できる．□

ラグランジュ乗数 λ を用いて極値の候補点をみつける方法をラグランジュの未定乗数法という．

条件 $g(x,y)=0$ のもとで，関数 $f(x,y)$ の極値の候補点を求めるには，連立方程式

$$(2)\quad \begin{cases} f_x(x,y) - \lambda g_x(x,y) = 0 \\ f_y(x,y) - \lambda g_y(x,y) = 0 \\ g(x,y) = 0 \end{cases}$$

を解けばよい．ここで

$$L(x,y,\lambda) = f(x,y) - \lambda g(x,y) \tag{4.15}$$

という 3 変数の関数を考える．$L(x,y,\lambda)$ を変数 x，y，λ について偏微分して 0 とおき，連立させると

$$
(3)\quad \begin{cases} L_x(x, y, \lambda) = f_x(x, y) - \lambda g_x(x, y) = 0 \\ L_y(x, y, \lambda) = f_y(x, y) - \lambda g_y(x, y) = 0 \\ L_\lambda(x, y, \lambda) = -g(x, y) = 0 \end{cases}
$$

となり，連立方程式 (2) と等しくなる．式 (4.15) で表される関数は**ラグランジュ関数**と呼ばれ，連立方程式 (3) は，1 階の条件とも呼ばれる．

ラグランジュの未定乗数法を用いることで，極値の候補点を求めることができるが，実際に極値となるかどうかはさらに調べなければならない．その際に，以下の事実を用いることができる．

「条件 $\dfrac{x^2}{a^2} + \dfrac{y^2}{b^2} = 1$ $(a > 0, b > 0)$ のもとで，連続関数は必ず最大値と最小値をとる.」

例題 4.9 $x^2 + y^2 = 1$ の条件のもとで，$f(x, y) = xy$ の極値を求めよ．

【解答】 条件を $g(x, y) = x^2 + y^2 - 1 = 0$ とすると

$$
g_x = 2x, \qquad g_y = 2y, \qquad f_x = y, \qquad f_y = x
$$

連立方程式

$$
\begin{cases} y = 2\lambda x & \cdots ① \\ x = 2\lambda y & \cdots ② \\ x^2 + y^2 - 1 = 0 & \cdots ③ \end{cases}
$$

を解いて，極値の候補点を求める．

$①^2 + ②^2$ より　$x^2 + y^2 = 4\lambda^2(x^2 + y^2)$　$\cdots$ ④

③ と ④ より　$4\lambda^2 = 1$,　すなわち　$\lambda = \pm\dfrac{1}{2}$

・$\lambda = 1/2$ のとき

① より $y = x$

③ に代入して，$2x^2 = 1$ より　$x = y = \pm\dfrac{1}{\sqrt{2}}$

・$\lambda = -1/2$ のとき

① より $y = -x$

③ に代入して，$2x^2 = 1$ より　$x = -y = \pm\dfrac{1}{\sqrt{2}}$

以上より，極値の候補点は

$$\left(\pm\frac{1}{\sqrt{2}},\ \pm\frac{1}{\sqrt{2}}\right),\ \left(\pm\frac{1}{\sqrt{2}},\ \mp\frac{1}{\sqrt{2}}\right) \qquad (\text{複号同順})$$

条件 $x^2+y^2=1$ のもとで $f(x,y)=xy$ は最大値と最小値をもち，それぞれ極大値，極小値であるから

$$f\left(\pm\frac{1}{\sqrt{2}},\ \pm\frac{1}{\sqrt{2}}\right) = \frac{1}{2} \quad \cdots \quad \text{極大値}$$

$$f\left(\pm\frac{1}{\sqrt{2}},\ \mp\frac{1}{\sqrt{2}}\right) = -\frac{1}{2} \quad \cdots \quad \text{極小値}$$

◇

問 10. 与えられた条件のもとで，次の関数の極値を求めよ．ここで，

「条件 $\dfrac{x^2}{a^2}+\dfrac{y^2}{b^2}=1$ $(a>0,\ b>0)$ のもとで，連続関数は必ず最大値と最小値をとる．」

という事実を用いてよい．

(1) $f(x,y)=y-x$　　条件：$x^2+y^2=2$

(2) $f(x,y)=xy$　　条件：$x^2+4y^2=4$

(3) $f(x,y)=x+2y$　　条件：$x^2+y^2=4$

(4) $f(x,y)=x^2+xy+y^2$　　条件：$x^2+y^2=1$

問 11. 与えられた条件のもとで，次の関数が極値をとる候補点を求めよ．

(1) $f(x,y)=x^2+y^2$　　条件：$xy=1$

(2) $f(x,y)=x+y$　　条件：$x^2-xy+y^2=1$

コーヒーブレイク：効用最大化と条件付き極値問題

予算制約のもとで効用を最大化するにはどうすればよいのかという問題は，条件付き極値問題に帰着させて考えることができる．

消費者は 2 つの財から得られる効用を最大にするように購入量を決めるとする．ここで，第 1 財，第 2 財の価格が p，q のときに，予算 M をすべて支出して第 1 財を x，第 2 財を y だけ購入して，効用関数 $\sqrt{xy}$ を最大化する問題を考える．この問題は，$M>0$，$p>0$，$q>0$ のとき

$$\text{条件：} g(x,y) = px + qy - M = 0 \qquad (x, y > 0)$$

のもとで，関数

$$u(x,y) = \sqrt{xy}$$

を最大化する問題となる．

ラグランジュの未定乗数法を用いて，解の候補点を求める．ここで

$$g_x = p, \qquad g_y = q, \qquad u_x = \frac{\sqrt{y}}{2\sqrt{x}}, \qquad u_y = \frac{\sqrt{x}}{2\sqrt{y}}$$

となるので，連立方程式

$$\begin{cases} \dfrac{\sqrt{y}}{2\sqrt{x}} = \lambda p & \cdots ① \\ \dfrac{\sqrt{x}}{2\sqrt{y}} = \lambda q & \cdots ② \\ px + qy - M = 0 & \cdots ③ \end{cases}$$

を解く．

①，② の両辺にそれぞれ $2x$，$2y$ を掛けると

$$\sqrt{xy} = 2\lambda px = 2\lambda qy$$

となる．①，② より $\lambda \neq 0$ なので　$px = qy$

さらに ③ から　$px = qy = \dfrac{M}{2}$

したがって

$$x = \frac{M}{2p}, \qquad y = \frac{M}{2q}$$

以上より，極値をとる候補点を (x^*, y^*) で表すと

$$(x^*, y^*) = \left(\frac{M}{2p}, \frac{M}{2q}\right)$$

ここで，x^*，y^* を p，q，M の関数とみたときに，それぞれ第 1 財に対する需要関数，第 2 財に対する需要関数という．さらに，① から

$$\lambda = \lambda(p, q, M) = \frac{1}{2p} \cdot \frac{\sqrt{\frac{M}{2q}}}{\sqrt{\frac{M}{2p}}} = \frac{1}{2\sqrt{pq}}$$

と求まる．

需要関数を u に代入して得られる新たな関数を間接効用関数と呼ぶ．いま，間接効用関数を V で表すと

$$V(p, q, M) = u(x^*, y^*) = \sqrt{\frac{M}{2p}}\sqrt{\frac{M}{2q}} = \frac{M}{2\sqrt{pq}}$$

ここで間接効用関数 V を M で偏微分すると

$$\frac{\partial V}{\partial M}(p, q, M) = \frac{1}{2\sqrt{pq}} = \lambda(p, q, M)$$

となる．このことから，$\lambda(p, q, M)$ を所得の限界効用と呼ぶ．

実は，等式

$$\frac{\partial V}{\partial M} = \lambda(p, q, M)$$

は一般的に成り立つ．すなわち，間接効用関数 V を M で偏微分すると，ラグランジュ乗数 λ と等しくなる．

5章　確　　　率

5.1　確率とその基本性質

確率を学ぶ上で，集合，ならびに場合の数についての知識が必要になることがある．これらについては，付録のA.1節ならびにA.2節にまとめてあるので，必要に応じて参照してほしい．

5.1.1　事 象 と 確 率

1枚の硬貨を投げて表が出るか裏が出るかは偶然によって決まる．このように，同じ条件のもとで何回も繰り返すことができ，その結果が偶然によって決まる実験や観測を**試行**という．

この試行の結果得られる可能性のおのおのを**根元事象**または**標本点**という．

根元事象全体の作る集合を**全事象**または**標本空間**といい，Ω で表す†．

Ω の部分集合を**事象**とよび，A，B などの大文字を用いて表す．

また，決して起こらない事象を**空事象**といい，$\varnothing$ で表す．

例 5.1　1個のさいころを投げて，出た目を調べる．

このとき，全事象は

$$\Omega = \{1, 2, 3, 4, 5, 6\}$$

と表される．2以下の目が出るという事象を A，7の目が出るという事象

† Ω はギリシャ文字の大文字のオメガである．

を B とすると

$$A = \{1, 2\}, \qquad B = \varnothing$$

となる．

いま，全事象 Ω の中に2つの事象 A，B があるとする．

- 「A，B の少なくとも一方が起こる」事象を**和事象**といい，$A \cup B$ で表す（図**5.1**参照）．
- 「A，B がともに起こる」事象を**積事象**または**共通事象**といい，$A \cap B$ で表す（図**5.2**参照）．
- 「事象 A，B は同時に起こらない」とき，この2つの事象は互いに排反であるといい，互いに排反である事象を**排反事象**という（図**5.3**参照）．A と B が排反事象であることは，$A \cap B = \varnothing$ と表すことができる．
- 「A が起こらない」という事象を A の**余事象**といい，A^c で表す（図**5.4**参照）．

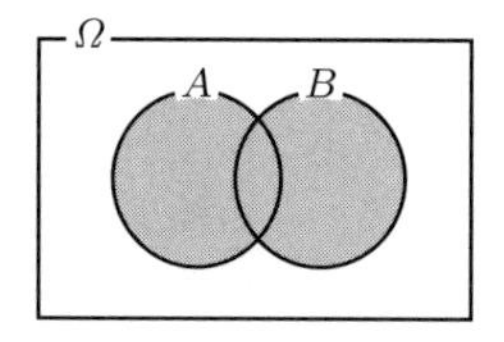

図**5.1**　$A \cup B$（和事象）

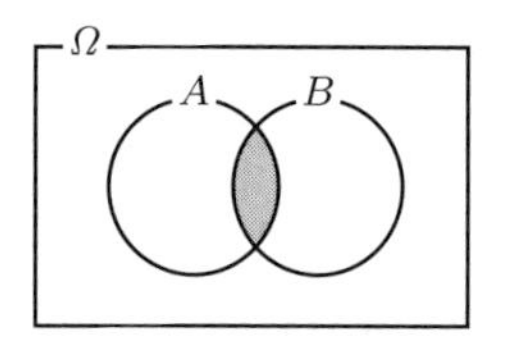

図**5.2**　$A \cap B$（積事象）

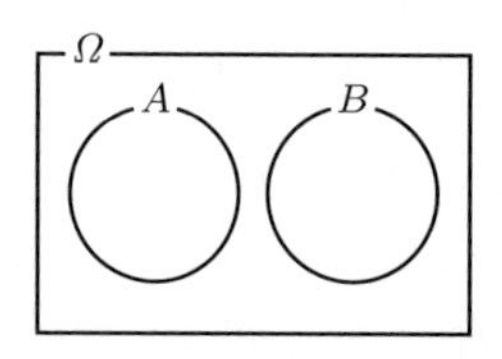

図**5.3**　$A \cap B = \varnothing$（排反事象）

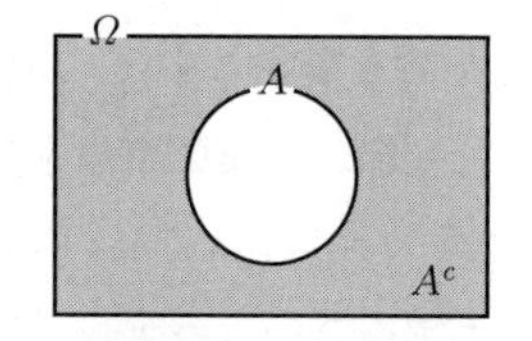

図**5.4**　A^c（余事象）

事象 A，B は全事象 Ω の部分集合なので，事象に関して集合と同じ考え方を用いることができる．

すなわち，和事象，積事象，排反事象，余事象については，それぞれ和集合，積集合（共通部分），排反集合（互いに素な集合），補集合の考え方を用いればよい．

例 5.2　1 個のさいころを投げるとき，奇数の目が出る事象を A，偶数の目が出る事象を B，4 以上の目が出る事象を C とする．このとき

$$\Omega = \{1, 2, 3, 4, 5, 6\}$$
$$A = \{1, 3, 5\}, \quad B = \{2, 4, 6\}, \quad C = \{4, 5, 6\}$$

と表される．任意の 2 つの事象についての積事象と和事象はそれぞれ，以下のとおりである．

$$A \cap B = \varnothing, \quad B \cap C = \{4, 6\}, \quad C \cap A = \{5\}$$
$$A \cup B = \{1, 2, 3, 4, 5, 6\}, \quad B \cup C = \{2, 4, 5, 6\}$$
$$C \cup A = \{1, 3, 4, 5, 6\}$$

$A \cap B = \varnothing$ より A と B は排反な事象である．さらに，$A \cup B = \Omega$ となるので， $A^c = B$，$B^c = A$ である．

5.1.2　確率の基本性質

ある試行を n 回繰り返したとき，事象 A が r 回起こったとすれば，事象 A の相対度数 $\dfrac{r}{n}$ の値は，n を十分大きくすると，ほぼ一定の値 p に近づいていく．この一定の値 p を「事象 A の起こる**確率**」あるいは「事象 A の確率」といい，$P(A)$ で表す †．

一般に，ある試行において，起こり得るすべての場合が同様に確からしいときには，次の定理が成り立つ．

同様に確からしいときの確率

根元事象がすべて同様に確からしい試行において，全事象 Ω に含まれる

---

† $P(A)$ の P は probability（確率）に由来する．

根元事象の個数を $n(\Omega)$，事象 A に含まれる根元事象の個数を $n(A)$ とするとき

$$P(A) = \frac{n(A)}{n(\Omega)} \tag{5.1}$$

例題 5.1　2 枚の硬貨を同時に投げるとき，少なくとも 1 枚は表が出る確率を求めよ．

【解答】　全事象を Ω，少なくとも 1 枚は表が出る事象を A とおけば

$\Omega = \{($ 表, 表 $), ($ 表, 裏 $), ($ 裏, 表 $), ($ 裏, 裏 $)\}$

$A = \{($ 表, 表 $), ($ 表, 裏 $), ($ 裏, 表 $)\}$

と表されることから，$n(\Omega) = 4$，$n(A) = 3$ となり，求める確率は $\dfrac{3}{4}$　◇

例題 5.2　2 個のさいころを同時に投げるとき，出た目の和が 8 になる確率を求めよ．

【解答】　$\Omega = \{(1,1), (1,2), \cdots, (1,6), (2,1), (2,2), \cdots, (2,6),$
$(3,1), (3,2), \cdots, (3,6), (4,1), (4,2), \cdots, (4,6),$
$(5,1), (5,2), \cdots, (5,6), (6,1), (6,2), \cdots, (6,6)\}$

全事象 Ω に含まれる根元事象は 6×6 で 36 個であり，これらは同様に確からしい．このうち，出る目の和が 8 になる事象を A とすると

$A = \{(2,6), (3,5), (4,4), (5,3), (6,2)\}$

となり，事象 A に含まれる根元事象は 5 個である．

よって，求める確率は，$\dfrac{5}{36}$ となる．　◇

問 1.　(1) 3 枚の硬貨を同時に投げるとき，表が 2 枚，裏が 1 枚出る確率を求めよ．

(2) 2 個のさいころを同時に投げるとき，出た目の和が 10 以上になる確率を求めよ．

式 (5.1) において，$0 \leqq n(A) \leqq n(\Omega)$ であるから

$$0 \leqq \frac{n(A)}{n(\Omega)} \leqq 1$$

したがって，任意の事象 A の確率 $P(A)$ は次の範囲にある．

$$0 \leqq P(A) \leqq 1$$

特に，A が必ず起こる事象 Ω であるならば，$n(A) = n(\Omega)$ であるから

$$P(\Omega) = 1$$

一方，A が決して起こらない事象 $\varnothing$ であるならば，$n(A) = 0$ であるから

$$P(\varnothing) = 0$$

次に，2 つの事象 A，B が互いに排反であるとき，事象 A，B およびそれらの和事象 $A \cup B$ が起こる場合の数（付録 A.2 節参照）をそれぞれ k，l，m とすれば，$m = k + l$ であるから

$$\frac{m}{n(\Omega)} = \frac{k}{n(\Omega)} + \frac{l}{n(\Omega)}$$

よって，　$P(A \cup B) = P(A) + P(B)$

以上の性質は，一般の事象の確率についても成り立つ．

確率の基本性質

(i)　確率の値の範囲

　任意の事象 A に対して，　$0 \leqq P(A) \leqq 1$

(ii)　全事象の確率　$P(\Omega) = 1$

(iii)　空事象の確率　$P(\varnothing) = 0$

(iv)　排反事象の確率の加法定理

　2 つの事象 A と B が互いに排反ならば

$$P(A \cup B) = P(A) + P(B)$$

確率の基本性質より，事象 A が起こらない確率について次が導かれる．

余事象の確率

$$P(A^c) = 1 - P(A)$$

証明　A と A^c は互いに排反であり，$A \cup A^c = \Omega$ であるから，確率の基本性質 (ii)，(iv) により

$$P(A) + P(A^c) = P(\Omega) = 1$$

よって，　$P(A^c) = 1 - P(A)$　□

例題 5.1（p.150）は，余事象の確率を用いて解くこともできる．2 枚の硬貨を投げて，少なくとも 1 枚は表が出る事象を A とおけば，A^c は 2 枚とも裏である（すなわち，表が 1 枚も出ない）事象を表す．

$$\Omega = \{(\text{表},\text{表}),(\text{表},\text{裏}),(\text{裏},\text{表}),(\text{裏},\text{裏})\},\quad A^c = \{(\text{裏},\text{裏})\}$$

より

$$P(A) = 1 - P(A^c) = 1 - \frac{1}{4} = \frac{3}{4}$$

となり，確率が求まる．

確率の基本性質 (iv) において，3 つの事象が排反なとき，次が成り立つ．

排反事象の確率の加法定理

事象 A，B，C のうちどの 2 つも互いに排反であるとき

$$P(A \cup B \cup C) = P(A) + P(B) + P(C)$$

このことは，4 つ以上の排反事象に対しても，同様に成り立つ．

2 つの事象が排反でないとき，すなわち $A \cap B \neq \varnothing$ のときを考える．$A \cup B$ を

$$A \cup B = (A \cap B) \cup (A \backslash B) \cup (B \backslash A)$$

のように互いに排反な 3 つの事象に分ける（図 **5.5** 参照）．ここで，$A \backslash B$ は A に含まれるが，B に含まれない根元事象全体を表す．確率の加法定理より

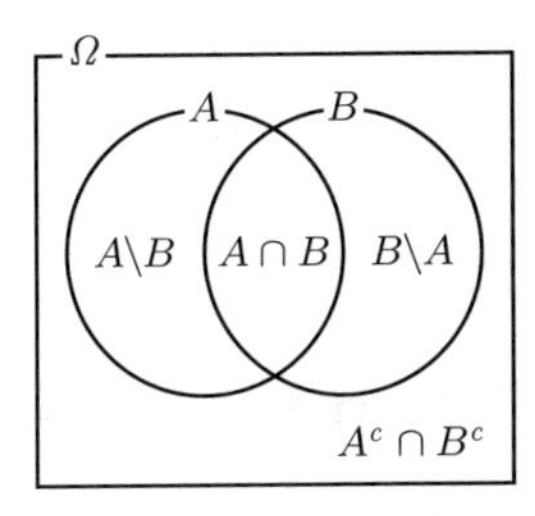

図 5.5　$A \cup B = (A \cap B) \cup (A \backslash B) \cup (B \backslash A)$

$$
\begin{aligned}
P(A \cup B) &= P(\,(A \cap B) \cup (A \backslash B) \cup (B \backslash A)\,) \\
&= P(A \cap B) + P(A \backslash B) + P(B \backslash A) \\
&= \{P(A \cap B) + P(A \backslash B)\} \\
&\qquad + \{P(A \cap B) + P(B \backslash A)\} - P(A \cap B) \\
&= P(A) + P(B) - P(A \cap B)
\end{aligned}
$$

よって，以下が成り立つ．

確率の加法定理

$$P(A \cup B) = P(A) + P(B) - P(A \cap B)$$

例題 5.3　1 から 100 までの番号が 1 つずつ書かれた 100 枚のカードがあり，このカードの中から 1 枚のカードを引く．このとき，3 の倍数または 5 の倍数の番号が書かれたカードを引く確率を求めよ．

【解答】　3 の倍数が出る事象を A，5 の倍数が出る事象を B とすると，$A \cap B$ は 15 の倍数が出る事象であるから

$$n(A) = 33, \quad n(B) = 20, \quad n(A \cap B) = 6$$

より

$$P(A) = \frac{33}{100}, \quad P(B) = \frac{20}{100}, \quad P(A \cap B) = \frac{6}{100}$$

したがって，求める確率は

$$P(A \cup B) = P(A) + P(B) - P(A \cap B) = \frac{33}{100} + \frac{20}{100} - \frac{6}{100} = \frac{47}{100}$$ ◇

問 2. 例題 5.3 において，1 枚のカードを引くとき，カードの番号が 4 の倍数または 6 の倍数の番号である確率を求めよ．

5.2 条件付き確率と独立試行の確率

5.2.1 条件付き確率

50 人の大学生に，通学で電車とバスを利用しているか調査したところ，次の表のようになった．

バス ＼ 電車	利用している	利用していない	計
利用している	8	10	18
利用していない	20	12	32
計	28	22	50

この 50 人から 1 人を選ぶとき，選ばれた学生が電車を利用しているという事象を A，バスを利用しているという事象を B とする．このとき

$$P(A) = \frac{28}{50}, \qquad P(B) = \frac{18}{50}, \qquad P(A \cap B) = \frac{8}{50}$$

である．

次に，選び出された学生が電車を利用していることがわかっているとき，その学生がバスも利用している確率 p を考える．選び出された生徒は，電車を利用している 28 人の中の 1 人である．その 28 人の中で，バスを利用している学生は 8 人である．したがって

$$p = \frac{8}{28} = \frac{2}{7}$$

となる．

このように，全事象 Ω の中の 2 つの事象 A，B について，A が起こったことがわかったとして，このとき B が起こる確率を，「A が起こったときの B の

条件付き確率」といい，$P(B|A)$ または $P_A(B)$ で表す．ただし，$P(A)>0$ とする．本書では，$P(B|A)$ で表すこととする．

上の例では，$P(B|A)=\dfrac{2}{7}$ である．また，この例では

$$\frac{P(A\cap B)}{P(A)} = \frac{8}{50}\div\frac{28}{50}=\frac{2}{7}$$

により，次の等式が成り立っている．

$$P(B|A) = \frac{P(A\cap B)}{P(A)}$$

一般に，条件付き確率は次のように定義される．

条件付き確率

ある試行における 2 つの事象 A，B について，A が起こったときの B の条件付き確率 $P(B|A)$ は

$$P(B|A) = \frac{P(A\cap B)}{P(A)} \tag{5.2}$$

で定義される．ただし，$P(A)>0$ とする．

条件付き確率 $P(B|A)$ は，条件になっている事象 A を新しい標本空間としたときの事象 B の確率を表している．

ここで，条件付き確率の定義より

$$P(A|B) = \frac{P(A\cap B)}{P(B)} \quad （ただし\ P(B)>0） \tag{5.3}$$

式 (5.2) と式 (5.3) より，次の乗法定理が得られる．

確率の乗法定理

$$P(A\cap B) = P(A)P(B|A) = P(B)P(A|B)$$

例題 5.4　赤玉 5 個と白玉 4 個が入っている袋から，玉を 1 個ずつ，もとに戻さないで 2 回続けて取り出すとき，取り出した玉が 2 個とも赤玉である確率を求めよ．

【解答】　1 回目に赤玉が出る事象を A，2 回目にも赤玉が出る事象を B とすれば，求める確率は $P(A \cap B)$ である．

$$P(A) = \frac{5}{9}, \qquad P(B|A) = \frac{4}{8} = \frac{1}{2}$$

よって，乗法定理より

$$P(A \cap B) = P(A)\,P(B|A) = \frac{5}{9} \cdot \frac{1}{2} = \frac{5}{18}$$

◇

問 3.　ある試行において，$P(A) = 0.3$，$P(B) = 0.6$，$P(A \cap B) = 0.1$ であるとき，$P(B|A)$，$P(A|B)$ をそれぞれ求めよ．

5.2.2　ベイズの定理

ベイズの定理を次の例を用いて説明する．

例 5.3　ある製品の 40% は工場 A，60% は工場 B で製造されている．工場 A の製品には 1%，工場 B の製品には 2% の不良品が含まれている．この製品の中から 1 個を取り出して検査をするとき

(1)　取り出した製品が不良品である確率

(2)　取り出した製品が不良品であるとき，この製品が工場 A の製品である確率

を考える．

取り出した 1 個の製品が，工場 A の製品である事象を A，工場 B の製品である事象を B，不良品である事象を C とすると

$$P(A) = \frac{40}{100} = \frac{2}{5}, \quad P(B) = \frac{60}{100} = \frac{3}{5},$$
$$P(C|A) = \frac{1}{100}, \qquad P(C|B) = \frac{2}{100}$$

(1)　事象 C は事象 $A \cap C$ と事象 $B \cap C$ の和事象で，$A \cap C$ と $B \cap C$ は互いに排反だから

$$
\begin{aligned}
P(C) &= P(A \cap C) + P(B \cap C) \\
&= P(A)\,P(C \mid A) + P(B)\,P(C \mid B) \\
&= \frac{2}{5} \times \frac{1}{100} + \frac{3}{5} \times \frac{2}{100} = \frac{8}{500} = \frac{2}{125}
\end{aligned}
$$

(2)　求める確率は $P(A|C)$ であるから

$$
P(A|C) = \frac{P(A \cap C)}{P(C)} = \frac{2}{5} \times \frac{1}{100} \div \frac{2}{125} = \frac{1}{4}
$$

---

(2) で求めた条件付き確率 $P(A|C)$ は，事象 C が起こったことを知ったとき，その原因が事象 A である確率を示している．このことから，$P(A|C)$ を C が起こったときの**事後確率**または **原因の確率**という．これに対して，事象 C が起こる前に，原因となる事象 A が起こる確率 $P(A)$ を**事前確率**という．

例 5.3 で求めた条件付き確率を一般化すると，次のベイズの定理となる．

ベイズの定理 I

A_1，A_2 は互いに排反で

$$
\Omega = A_1 \cup A_2
$$

であるとき，任意の空でない事象 B について

$$
P(A_k \mid B) = \frac{P(A_k)\,P(B \mid A_k)}{P(A_1)P(B|A_1) + P(A_2)P(B|A_2)} \qquad (k = 1, 2)
$$

証明　$A_1 \cap A_2 = \varnothing$,　$\Omega = A_1 \cup A_2$　より，

$A_1 \cap B$ と $A_2 \cap B$ は互いに排反で

$$
B = (A_1 \cap B) \cup (A_2 \cap B)
$$

が成り立つから（図 **5.6** 参照）

$$
\begin{aligned}
P(B) &= P(A_1 \cap B) + P(A_2 \cap B) \\
&= P(A_1)P(B|A_1) + P(A_2)P(B|A_2)
\end{aligned}
$$

よって

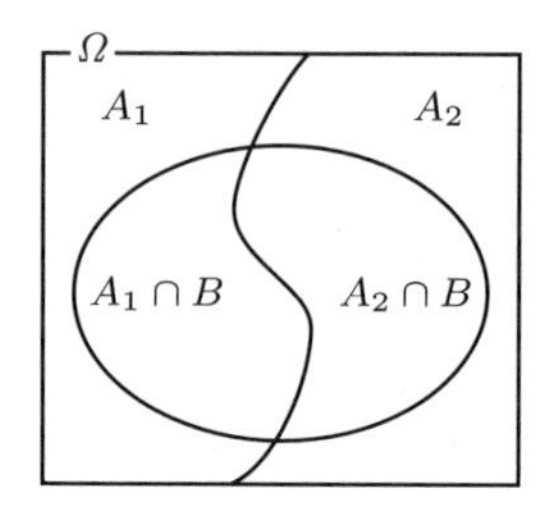

図 5.6　$B = (A_1 \cap B) \cup (A_2 \cap B)$

$$P(A_k \mid B) = \frac{P(A_k \cap B)}{P(B)} = \frac{P(A_k)\,P(B \mid A_k)}{P(A_1)P(B|A_1) + P(A_2)P(B|A_2)}$$

□

問 4. 例 5.3 において，取り出された製品が良品であったとき，それが工場 B の製品である確率を求めよ．

上のベイズの定理は，$k \geqq 3$ の場合にも同様に成り立つ．

全事象 Ω が，互いに排反である n 個の事象 A_1，A_2，…，A_n に分割されるとする．このとき，任意の空でない事象 B に関して

$$P(B) = P(A_1 \cap B) + P(A_2 \cap B) + \cdots + P(A_n \cap B)$$

と表せるので，ベイズの定理は次のようになる．

ベイズの定理 II

A_1，A_2，…，A_n は互いに排反で

$$\Omega = A_1 \cup A_2 \cup \cdots \cup A_n$$

であるとき，任意の空でない事象 B について

$$P(A_k \mid B) = \frac{P(A_k)\,P(B \mid A_k)}{P(A_1)P(B|A_1) + P(A_2)P(B|A_2) + \cdots + P(A_n)P(B|A_n)}$$

$$(k = 1, 2, \cdots, n)$$

問 5. ある製品は 3 つの工場 A，B，C で製造されており，全製品の 20% は工場 A，40% は工場 B，40% は工場 C で製造されている．工場 A，B，C の製品にはそれぞれ 5%，3%，2% の不良品が含まれている．この製品の中から

1 個を取り出して検査をするとき，次の確率を求めよ．

(1) 取り出した製品が不良品である確率

(2) 取り出した製品が不良品であるとき，この製品が工場 C の製品である確率

5.2.3　事象の独立と従属

1 から 10 までの番号が 1 つずつ書かれた 10 枚のカードから，1 枚を引く．この試行において，カードの番号が奇数である事象を A，5 の倍数である事象を B, 3 の倍数である事象を C とする．ここで

$$P(A) = \frac{5}{10}, \quad P(B) = \frac{2}{10}, \quad P(C) = \frac{3}{10},$$

$$P(A \cap B) = \frac{1}{10}, \quad P(A \cap C) = \frac{2}{10},$$

$$P(B|A) = \frac{P(A \cap B)}{P(A)} = \frac{1}{5}, \quad P(C|A) = \frac{P(A \cap C)}{P(A)} = \frac{2}{5}$$

したがって

$$P(B|A) = P(B), \qquad P(C|A) \neq P(C)$$

これより，事象 A が起こることは，事象 B の起こる確率に何の影響も与えないが，事象 C が起こる確率には影響を与えている．

2 つの事象 A，B があって，一方の事象の起こることが他方の事象の起こる確率に何の影響も与えないとき，すなわち

$$P(B|A) = P(B), \quad P(A|B) = P(A)$$

が成り立つとき，A と B は**独立**である，または**独立事象**であるという．

また，A と B が独立でないとき，これらは**従属**である，または**従属事象**であるという．

事象の独立の定義と確率の乗法定理（p.155）から，次が成り立つ．

事象の独立

2 つの事象 A と B が独立であるための必要十分条件は

$$P(A \cap B) = P(A)\,P(B)$$

独立事象は3つ以上の事象についても定義される．たとえば，3つの事象 A, B, C について

$$P(A\cap B) = P(A)P(B), \quad P(A\cap C) = P(A)P(C)$$
$$P(B\cap C) = P(B)P(C), \quad P(A\cap B\cap C) = P(A)P(B)P(C)$$

が成り立つとき，A, B, C は独立であるという．

5.2.4　独立試行の確率

1個のさいころを投げ，次に1枚の硬貨を投げる試行において，さいころの目の出方と硬貨の表裏の出方とは無関係である．このように，2つの試行 T_1, T_2 について，それぞれの結果の起こり方が無関係であるとき，これらの試行は独立である，または**独立試行**であるという．

いま，1個のさいころを投げる試行 T_1 において，5以上の目が出る事象を A，1枚の硬貨を投げる試行 T_2 において，表が出る事象を B とする．

試行 T_1 の全事象を Ω_1，試行 T_2 の全事象を Ω_2 とすると

$$\Omega_1 = \{1, 2, 3, 4, 5, 6\}, \qquad \Omega_2 = \{\text{表}, \text{裏}\}$$

であることから，この2つを合わせた試行の根元事象の数は $6\times 2 = 12$ であり，いずれも同様に確からしい．

このうち，事象 A, B がともに起こる場合は $2\times 1 = 2$（通り）ある．

よって，T_1, T_2 を続けて行うとき，A, B がともに起こる確率 p は

$$p = \frac{2}{12} = \frac{1}{6}$$

いま，　$P(A) = \dfrac{1}{3}$,　　$P(B) = \dfrac{1}{2}$　であるから

$$p = P(A)P(B)$$

が成り立っている．

一般に，次のことが成り立つ．

独立試行の確率

2つの試行 T_1, T_2 が独立な試行であるとき，T_1 の結果として起こる

任意の事象 A と T_2 の結果として起こる任意の事象 B とは独立な事象である．このとき，T_1 で A が起こり，T_2 で B が起こる確率は

$$P(A)\,P(B)$$

に等しい．

3 つ以上の独立な試行の結果についても，同様の式が成り立つ．

また，1 つの試行を同じ条件のもとで何回か繰り返し行うとき，各回の試行は互いに独立である．この一連の試行を**反復試行**という．

例題 5.5　1 個のさいころを 5 回続けて投げるとき，1 の目がちょうど 2 回出る確率を求めよ．

【解答】　1 の目が出ることを○，1 以外の目が出ることを × で表すと，例えば「1 回目と 3 回目だけに 1 の目が出る」事象は

{ ○×○×× }

と表せる．各回の試行は互いに独立で，どの回においても，1 の目が出る確率は $\frac{1}{6}$，1 以外の目が出る確率は $\frac{5}{6}$ である．したがって，この事象の確率は

$$\frac{1}{6}\times\frac{5}{6}\times\frac{1}{6}\times\frac{5}{6}\times\frac{5}{6} = \left(\frac{1}{6}\right)^2\left(\frac{5}{6}\right)^3 \tag{5.4}$$

さいころを 5 回投げるときに 1 の目がちょうど 2 回出る事象を A とすると

A = { ○○×××, ○×○××, ○××○×, ○×××○, ×○○××,
×○×○×, ×○××○, ××○○×, ××○×○, ×××○○ }

事象 A の起こる場合の数は，5 個の場所から ○ をおく 2 個を選ぶ方法の総数 ${}_5C_2$ と等しい（付録 A.2.3 項参照）．すなわち

$${}_5C_2 = \frac{5!}{2!3!} = 10 \text{（通り）}$$

この 10 通りのそれぞれの事象の起こる確率は，式 (5.4) に等しく，どの 2 つの事象も互いに排反であるから，求める確率は

$${}_5C_2\left(\frac{1}{6}\right)^2\left(\frac{5}{6}\right)^3 = 10\times\frac{5^3}{6^5} = \frac{625}{3888}$$

◇

一般に，次のことが成り立つ．

反復試行の確率

1 回の試行において，事象 A の起こる確率を $p = P(A)$ とする．この試行を n 回繰り返し行うとき，事象 A がちょうど r 回起こる確率は

$$ {}_n\mathrm{C}_r\, p^r\,(1-p)^{n-r} \qquad (r = 0, 1, 2, \cdots, n) $$

である．

ここで，${}_n\mathrm{C}_r$ は，n 個から r 個取る組合せの総数を表し

$$ {}_n\mathrm{C}_r = \frac{n(n-1)(n-2)\cdots(n-r+1)}{r(r-1)\cdots 3\cdot 2\cdot 1} = \frac{n!}{r!(n-r)!} $$

で求められる．

問 6.　1 個のさいころを 4 回続けて投げるとき，1 の目がちょうど 3 回出る確率を求めよ．

5.3　確率変数と確率分布

5.3.1　確　率　変　数

試行の結果得られた根元事象に対して，ある実数を対応させることが一般に行われる．

1 枚の硬貨を続けて 2 回投げる試行において，全事象 Ω は

$$ \Omega = \{(\text{表},\text{表}), (\text{表},\text{裏}), (\text{裏},\text{表}), (\text{裏},\text{裏})\} $$

である．この試行において，表の出る回数を X とすると

$\{(\text{裏},\text{裏})\}$ のとき　　$X = 0$

$\{(\text{表},\text{裏})\}, \{(\text{裏},\text{表})\}$ のとき　　$X = 1$

$\{(\text{表},\text{表})\}$ のとき　　$X = 2$

の値をとる．

ここで，$X = a$ となる事象の確率を $P(X = a)$ で表すと

$$P(X=0)=\frac{1}{4}, \qquad P(X=1)=\frac{2}{4}, \qquad P(X=2)=\frac{1}{4}$$

となる．以上をまとめると以下のようになる．

根元事象		X の値		確率
(裏, 裏)	$\longrightarrow$	0	$\longrightarrow$	$\frac{1}{4}$
(表, 裏)	$\searrow$	1	$\longrightarrow$	$\frac{1}{2}$
(裏, 表)	$\nearrow$			
(表, 表)	$\longrightarrow$	2	$\longrightarrow$	$\frac{1}{4}$

このように，1つの試行において，その結果に応じて X の値が定まり，その値をとる確率が定まるとき，この X を**確率変数**という．確率変数を表すのに，X，Y，Z などの大文字を用いることが多い．

5.3.2　確　率　分　布

以下，確率変数 X が 0，1，2，… のように，離散的な値をとる場合を考える．このような確率変数を**離散型確率変数**という．確率変数 X が連続的な値をとる場合（このような確率変数を連続型確率変数という）については，付録 A.4 節を参照してほしい．

1枚の硬貨を続けて2回投げる試行において，表の出る回数を X としたとき，X のとりうる値とその値をとる確率をまとめると次のようになる．

X の値	0	1	2	計
確率	$\frac{1}{4}$	$\frac{2}{4}$	$\frac{1}{4}$	1

一般に，確率変数 X がとりうる値を x_1，x_2，…，x_n とし，X がそれらの値をとる確率を $p_k=P(X=x_k)$ とするとき，この対応関係は次の表のようになる．

X の値	x_1	x_2	…	x_n	計
確率	p_1	p_2	…	p_n	1

このように，確率変数のとる値とその値をとる確率との対応を示したものを，その確率変数の**確率分布**または単に**分布**といい，確率変数 X はこの分布に従うという．

確率分布を記述するのに，とりうる値の個数が少ない場合には上のような表で十分であるが，表に書ききれないような一般の場合を考える．

確率変数 X が離散的な値をとるとき

$$p(x) = P(X = x) \qquad (x = x_1, x_2, \cdots)$$

とおく．この $p(x)$ を**確率関数**という．離散型確率変数の分布は確率関数を用いて表すことができる．

確率関数 $p(x)$ について，次が成り立つ†．

$$\text{(i)}\ 0 \leqq p(x) \leqq 1 \qquad \text{(ii)}\ \sum_x p(x) = 1 \qquad (x = x_1, x_2, \cdots)$$

X の値が a 以上 b 以下である確率を　$P(a \leqq X \leqq b)$　で表す．

また，X の値が b 以下である確率と X の値が a 以上である確率はそれぞれ，

$$P(X \leqq b), \qquad P(a \leqq X) \quad \text{で表す.}$$

例えば，1 枚の硬貨を続けて 2 回投げる試行において，表の出る回数を X とすると（p.163 の確率分布の表を参照）

$$P(0 \leqq X \leqq 1) = P(X = 0) + P(X = 1) = \frac{1}{4} + \frac{1}{2} = \frac{3}{4}$$

となる．確率分布を記述するのに，次に定義する**分布関数**を用いることもできる．

分布関数

確率変数 X の分布関数 $F(x)$ を

$$F(x) = P(X \leqq x) \qquad (-\infty < x < \infty) \tag{5.5}$$

で定義する．

分布関数の定義式 (5.5) は，確率変数 X のとる値が離散的な場合でも連続的

† (ii) $\sum_x p(x)$ は x のとりうる値すべてについて $p(x)$ の和をとることを表すとする．

な場合でも同じである．なお，分布関数は**累積分布関数**ともいう．

X が離散型確率変数であるとき，分布関数 $F(x)$ と確率関数 $p(x)$ の関係は次のようになる[†]．

$$F(x) = \sum_{k \leqq x} p(k) = \sum_{k \leqq x} P(X = k)$$

確率関数の累積が分布関数であり，逆に分布関数の不連続点でのジャンプ量から確率関数が求まる．

1 枚の硬貨を続けて 2 回投げて表の出た回数を確率変数 X のとる値としたとき，X の確率関数と分布関数の値は表のとおりである．また，グラフは図 **5.7**，**5.8** のようになる．

x	0	1	2
確率関数 $p(x)$	$\frac{1}{4}$	$\frac{2}{4}$	$\frac{1}{4}$
分布関数 $F(x)$	$\frac{1}{4}$	$\frac{3}{4}$	1

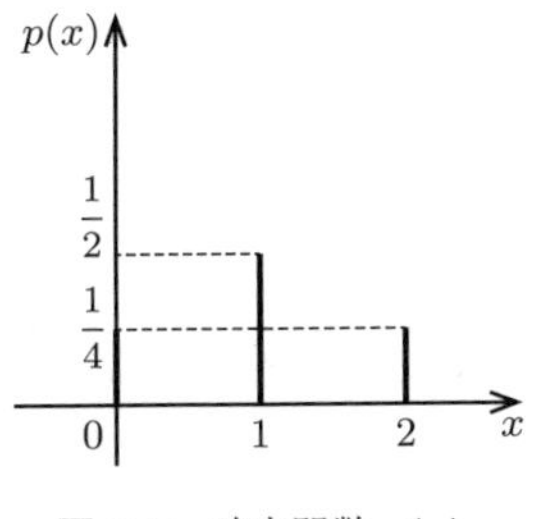

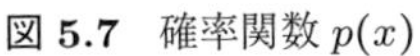
図 5.7 確率関数 $p(x)$

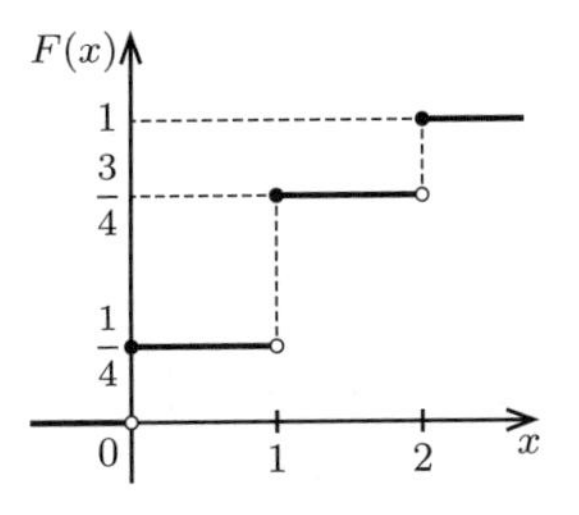

図 5.8 分布関数 $F(x)$

例題 5.6 原点 O から出発して数直線上を動く点 P がある．点 P は硬貨を投げて表が出たら +1 だけ移動し，裏が出たら −1 だけ移動する．1 枚の硬貨を続けて 3 回投げ終わったときの点 P の座標を X とする．

(1) X の確率分布を求めよ．

[†] $\sum_{k \leqq x} p(k)$ は，$k \leqq x$ を満たすすべての k について $p(k)$ の和をとることを意味する．

(2) 確率 $P(-1 \leqq X \leqq 1)$ を求めよ．

(3) 確率 $P(X \leqq -1)$ を求めよ．

【解答】

(1) 硬貨を 3 回投げるとき，表を H，裏を T で表すと[†]，全事象 Ω は

$$\Omega = \{\mathrm{HHH, HHT, HTH, THH, HTT, THT, TTH, TTT}\}$$

となる．例えば，試行の結果が HTH のとき，確率変数 X の値は

$$(+1) + (-1) + (+1) = 1$$

である（図 **5.9** 参照）．

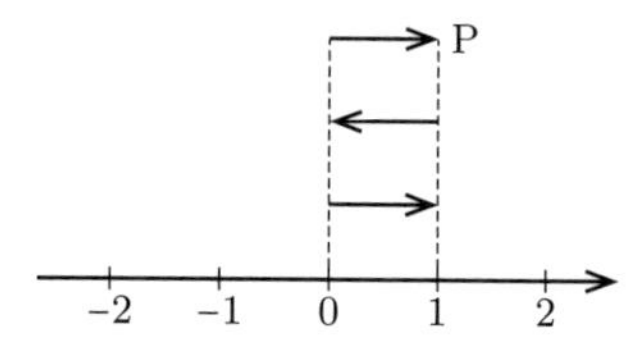

図 **5.9**　HTH に対する点 P の位置

同様に考えれば，この 8 個の根元事象に対する X の値はそれぞれ

$$3,\ 1,\ 1,\ 1,\ -1,\ -1,\ -1,\ -3$$

である．したがって

$$P(X=3)=\frac{1}{8},\ P(X=1)=\frac{3}{8},\ P(X=-1)=\frac{3}{8},\ P(X=-3)=\frac{1}{8}$$

確率分布を求めるには，確率関数または分布関数のいずれかを示せばよい．X のとりうる値 x に対して，確率関数 $p(x)$，分布関数 $F(x)$ の値をまとめると次の表になる．

x	-3	-1	1	3
$p(x)$	$\frac{1}{8}$	$\frac{3}{8}$	$\frac{3}{8}$	$\frac{1}{8}$
$F(x)$	$\frac{1}{8}$	$\frac{4}{8}$	$\frac{7}{8}$	1

(2) $P(-1 \leqq X \leqq 1) = P(X=-1) + P(X=1) = \dfrac{3}{8} + \dfrac{3}{8} = \dfrac{3}{4}$

(3) $P(X \leqq -1) = F(-1) = \dfrac{1}{2}$　◇

---

† 「表か裏か？」は英語で “Heads or tails?” という．

問 7. 赤玉 3 個と白玉 2 個が入っている袋から 3 個の玉を同時に取り出すとき，その中に含まれる赤玉の個数を X とする．このとき

(1) X の確率分布を求めよ．

(2) $P(2 \leqq X \leqq 3)$ を求めよ．

5.4 確率変数の期待値と分散

5.4.1 確率変数の期待値

確率変数 X の確率分布が次の表で与えられているとする．ここで，X のとる値を x とし，$p(x) = P(X = x)$ とする．

x	x_1	x_2	$\cdots$	x_n	計
$p(x)$	p_1	p_2	$\cdots$	p_n	1

このとき

$$x_1 p_1 + x_2 p_2 + \cdots + x_n p_n$$

を X の**期待値**または**平均値**（あるいは単に**平均**）という．期待値は $E(X)$ または m で表す†．

離散型確率変数の期待値

確率変数 X のとる値を $x_1, x_2, \cdots, x_n$ とし，$X = x_k$ となる確率を p_k とするとき

$$E(X) = \sum_{k=1}^{n} x_k P(X = x_k) = \sum_{k=1}^{n} x_k p_k$$
$$= x_1 p_1 + x_2 p_2 + \cdots + x_n p_n$$

を X の期待値 または 平均という．

確率変数 X が n 個の値をすべて同じ確率でとるのであれば，その確率は $\frac{1}{n}$

† $E(X)$ の E は expectation（期待値）に由来する．また，m は mean（平均）に由来する．

になる．このとき，確率変数 X の期待値は

$$E(X) = \sum_{k=1}^{n} \frac{1}{n} x_k = \frac{x_1 + x_2 + \cdots + x_n}{n}$$

となり，算術平均と一致する．

一般に期待値は，各値の確からしさを考慮した加重平均であり，算術平均はその特別な場合といえる．

例 5.4　1 個のさいころを投げたときに出る目の数を X とすれば

$$P(X=1) = P(X=2) = \cdots = P(X=6) = \frac{1}{6}$$

であるから，X の期待値は

$$E(X) = \frac{1}{6}(1+2+3+4+5+6) = \frac{7}{2}$$

例題 5.7　20 本のくじの中に，1000 円の当たりくじが 1 本，500 円の当たりくじが 3 本あり，残りは外れくじである．このくじを 1 本引くとき，当たる金額の期待値を求めよ．

【解答】　このくじを 1 本引くときに当たる金額を X とする．X の確率関数を $p(x)$ とすると，確率分布は次のようになる．

x	1000	500	0	計
$p(x)$	$\frac{1}{20}$	$\frac{3}{20}$	$\frac{16}{20}$	1

したがって，X の期待値は

$$E(X) = 1000 \cdot \frac{1}{20} + 500 \cdot \frac{3}{20} + 0 \cdot \frac{16}{20} = 125 \text{（円）}$$

◇

問 8.　1000 本のくじの中に，10 万円の当たりくじが 1 本，1 万円の当たりくじが 2 本，1000 円の当たりくじが 10 本あり，残りは外れくじである．このくじを 1 本引くとき，当たる金額の期待値を求めよ．

X の1次式で表される確率変数 $aX+b$ の期待値を考える．

確率変数 X のとる値を　　x_1，x_2，$\cdots$，　x_n

X が x_k という値をとる確率を　　p_k

とする．a，b を定数として $Y=aX+b$ とすると，Y は

$$y_k = ax_k + b \qquad (k=1,2,\cdots,n)$$

で定まる値　$y_1, y_2, \cdots, y_n$　をとる確率変数である．そして，$a \neq 0$ ならば

$$P(Y=ax_k+b) \ = \ P(X=x_k) \ = \ p_k \qquad (k=1,2,\cdots,n)$$

が成り立つ．

X の確率分布

X の値	x_1	x_2	$\cdots$	x_n	計
確率	p_1	p_2	$\cdots$	p_n	1

Y の確率分布

Y の値	y_1	y_2	$\cdots$	y_n	計
確率	p_1	p_2	$\cdots$	p_n	1

したがって，$Y=aX+b$ の期待値は

$$\begin{aligned} E(Y) &= \sum_{k=1}^{n} y_k p_k \ = \ \sum_{k=1}^{n} (ax_k+b) p_k \ = \ a\sum_{k=1}^{n} x_k p_k + b\sum_{k=1}^{n} p_k \\ &= aE(X) + b\cdot 1 \ = \ aE(X)+b \end{aligned} \tag{5.6}$$

式 (5.6) は $a=0$ であっても成り立つ．すなわち，確率変数 Y についてつねに $Y=b$ が成り立つとき

$$E(Y)=b$$

同様にして，確率変数 X^2 の期待値を考える．

X^2 のとる値は　${x_1}^2$，${x_2}^2$，$\cdots$，${x_n}^2$　であり，

$P(X^2={x_k}^2) \ = \ P(X=x_k) \ = \ p_k$　となる．

したがって，確率変数 X^2 の期待値は

$$E(X^2) \ = \ \sum_{k=1}^{n} {x_k}^2 p_k$$

いま，$g(X)=X^2$ とおけば，$E[g(X)] \ = \ E(X^2)$ と書ける．

一般に関数 $g(x)$ について

$$E[g(X)] \ = \ \sum_{k=1}^{n} g(x_k) p_k$$

が成り立つ.

期待値の性質

(i)　a, b を定数とするとき

$$E(aX+b) = aE(X)+b$$

(ii)　確率変数 X のとる値を $x_1, x_2, \cdots, x_n$ とし, $X=x_k$ となる確率を p_k とするとき

$$E[g(X)] = \sum_{k=1}^{n} g(x_k)\,P(X=x_k) = \sum_{k=1}^{n} g(x_k)\,p_k$$
$$= g(x_1)\,p_1 + g(x_2)\,p_2 + \cdots + g(x_n)\,p_n$$

例題 5.8　1 個のさいころを投げて出た目の数を X とするとき, 次の確率変数の期待値を求めよ.

(1) $2X+3$　　(2) X^2

【解答】　例 5.4 (p.168) より, $E(X)=7/2$ である.

(1)　$E(2X+3) = 2E(X)+3 = 2\cdot\dfrac{7}{2}+3 = 10$

(2)　$E(X^2) = \displaystyle\sum_{k=1}^{6} k^2\cdot\frac{1}{6} = \frac{1}{6}\sum_{k=1}^{6} k^2 = \frac{91}{6}$

ここで, $\displaystyle\sum_{k=1}^{6} k^2$ を求めるのに, 数列の和の公式 (iii) (p.53) を用いた. ◇

問 9.　1 個のさいころを投げて出た目の数を X とするとき, 次の確率変数の期待値を求めよ.

(1) $-X$　　(2) $6X^2-1$

確率変数 X に対して, $X-m$ を X の平均からの**偏差**という. ただし, $m=E(X)$ である.

偏差の期待値は

$$E(X-m) = E(X)-m = m-m = 0$$

となる.

5.4.2 分散と標準偏差

確率変数の期待値（平均）からの散らばりの度合を表す数値を考える.

確率変数 X のとる値を x_1, x_2, $\cdots$, x_n とし, $X = x_k$ となる確率を p_k, X の期待値を m とするとき

$$(x_1 - m)^2 p_1 + (x_2 - m)^2 p_2 + \cdots + (x_n - m)^2 p_n$$

を X の**分散**といい, $V(X)$ という記号で表す[†1].

$$V(X) = \sum_{k=1}^{n} (x_k - m)^2 p_k \tag{5.7}$$

分散 $V(X)$ は, 次のように表すことができる.

$$V(X) = E[(X - m)^2]$$

分散 $V(X)$ の正の平方根

$$\sqrt{V(X)} = \sqrt{E[(X - m)^2]}$$

を X の**標準偏差**といい, $\sigma(X)$ または単に σ で表す[†2]. すなわち

$$\sigma(X) = \sqrt{V(X)}$$

確率変数 X の期待値, 分散, 標準偏差のことを, それぞれ X の分布の平均, 分散, 標準偏差ともいう.

確率変数の分散と標準偏差

確率変数 X について $m = E(X)$ とするとき

$$V(X) = E[(X - m)^2]$$

を X の分散という.

また

$$\sigma(X) = \sqrt{V(X)}$$

を X の標準偏差という.

---

†1 $V(X)$ の V は variance（分散）に由来する. 分散を $\mathrm{Var}(X)$ と表すこともある.

†2 σ は standard deviation（標準偏差）の s にあたるギリシャ文字で, シグマと読む.

分散ならびに標準偏差は, 定義から $V(X) \geqq 0$, $\sigma \geqq 0$ となる. また, $V(X) = \sigma^2$ と表される. 分散が大きければ標準偏差も大きく, 逆に分散が小さければ標準偏差も小さいので, 分布の散らばり具合を表すには, どちらの指標でもよい. 分散や標準偏差の値が小さいと, 確率変数 X のとる値は, 分布の平均近くに集中する.

式 (5.7) を変形すると

$$V(X) = \sum_{k=1}^{n} (x_k - m)^2 p_k = \sum_{k=1}^{n} ({x_k}^2 - 2mx_k + m^2) p_k$$

$$= \sum_{k=1}^{n} {x_k}^2 p_k - 2m \sum_{k=1}^{n} x_k p_k + m^2 \sum_{k=1}^{n} p_k$$

ここで

$$\sum_{k=1}^{n} {x_k}^2 p_k = E(X^2), \qquad \sum_{k=1}^{n} x_k p_k = E(X) = m, \qquad \sum_{k=1}^{n} p_k = 1$$

であるから

$$\begin{aligned} V(X) &= E(X^2) - 2m \cdot m + m^2 \cdot 1 \\ &= E(X^2) - m^2 \end{aligned}$$

すなわち, 次の公式が成り立つ.

分散の公式

$$V(X) = E(X^2) - \{E(X)\}^2 = E(X^2) - m^2$$

例 5.5　1 個のさいころを投げるときに出る目の数を X として, X の分散と標準偏差を求める.

例 5.4 (p.168) より　$E(X) = m = \dfrac{7}{2}$

例題 5.8 (p.170) の (2) より $E(X^2) = \dfrac{91}{6}$ である．

したがって，X の分散は

$$V(X) = E(X^2) - m^2 = \frac{91}{6} - \left(\frac{7}{2}\right)^2 = \frac{35}{12}$$

よって，X の標準偏差は，$\sigma(X) = \sqrt{\dfrac{35}{12}} = \dfrac{\sqrt{105}}{6}$ となる．

例題 5.9 赤玉 4 個と白玉 3 個が入っている袋の中から，2 個の玉を同時に取り出し，その中に含まれている赤玉の数を X とする．このとき，X の期待値，分散，標準偏差を求めよ．

【解答】 確率変数 X のとる値は 0，1，2 のいずれかであり，その確率分布は

$$P(X = 0) = \frac{{}_4C_0 \times {}_3C_2}{{}_7C_2} = \frac{1}{7}$$

$$P(X = 1) = \frac{{}_4C_1 \times {}_3C_1}{{}_7C_2} = \frac{4}{7}$$

$$P(X = 2) = \frac{{}_4C_2 \times {}_3C_0}{{}_7C_2} = \frac{2}{7}$$

これより，期待値は

$$E(X) = 0 \cdot \frac{1}{7} + 1 \cdot \frac{4}{7} + 2 \cdot \frac{2}{7} = \frac{8}{7}$$

また

$$E(X^2) = 0^2 \cdot \frac{1}{7} + 1^2 \cdot \frac{4}{7} + 2^2 \cdot \frac{2}{7} = \frac{12}{7}$$

よって，分散と標準偏差は

$$V(X) = E(X^2) - \{E(X)\}^2 = \frac{12}{7} - \left(\frac{8}{7}\right)^2 = \frac{20}{49}$$

$$\sigma(X) = \sqrt{V(X)} = \frac{2\sqrt{5}}{7}$$ ◇

確率変数 X の 1 次式 $aX + b$ の期待値は

$$E(aX+b) = aE(X)+b = am+b$$

であるから，$aX+b$ の分散は

$$V(aX+b) = E\left[\{aX+b-(am+b)\}^2\right]$$
$$= E\left[a^2(X-m)^2\right] = a^2 E\left[(X-m)^2\right] = a^2V(X)$$

となる．

また，X の標準偏差を $\sigma(X)$ とすれば，$aX+b$ の標準偏差は

$$\sigma(aX+b) = \sqrt{V(aX+b)} = \sqrt{a^2V(X)} = |a|\sigma(X)$$

となる．よって，次が成り立つ．

確率変数の 1 次式の分散と標準偏差

a，b を定数とするとき

$$V(aX+b) = a^2V(X), \qquad \sigma(aX+b) = |a|\sigma(X)$$

例題 5.10　1 個のさいころを投げて，出る目の数を X とするとき，次の確率変数の分散と標準偏差を求めよ．

(1) $2X+3$　　(2) $-X-2$

【解答】　例 5.5（p.172）より，$V(X) = \dfrac{35}{12}$，　$\sigma(X) = \dfrac{\sqrt{105}}{6}$

(1)　$V(2X+3) = 2^2V(X) = 4\cdot\dfrac{35}{12} = \dfrac{35}{3}$

$\sigma(2X+3) = 2\sigma(X) = 2\cdot\dfrac{\sqrt{105}}{6} = \dfrac{\sqrt{105}}{3}$

(2)　$V(-X-2) = (-1)^2V(X) = \dfrac{35}{12}$

$\sigma(-X-2) = \sigma(X) = \dfrac{\sqrt{105}}{6}$　◇

問 10.　1 個のさいころを投げて，出る目の数を X とするとき，次の確率変数の分散と標準偏差を求めよ．

(1) $X+2$　　(2) $-6X+5$

確率変数 X の期待値を m，分散を σ^2 とするとき，確率変数

$$Z = \frac{X-m}{\sigma}$$

の期待値，分散，標準偏差はそれぞれ

$$E(Z) = E\left(\frac{X-m}{\sigma}\right) = \frac{1}{\sigma}E(X) - \frac{m}{\sigma} = \frac{m}{\sigma} - \frac{m}{\sigma} = 0$$

$$V(Z) = V\left(\frac{X-m}{\sigma}\right) = \frac{1}{\sigma^2}V(X) = \frac{\sigma^2}{\sigma^2} = 1,\ \ \sigma(Z) = \sqrt{V(Z)} = 1$$

となる．Z を「X を**標準化**した確率変数」という．

確率変数 X の標準化

$E(X) = m$，$V(X) = \sigma^2$ であるとき

$$Z = \frac{X-m}{\sigma}$$

は期待値 0，標準偏差 1 の確率変数となる．

5.5　確率変数の和の期待値と分散

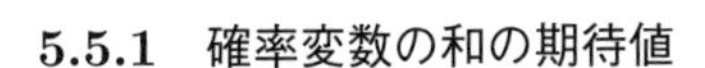

5.5.1　確率変数の和の期待値

X，Y を確率変数とするとき，実数 a，b に対し，$X=a$ かつ $Y=b$ となる確率を $P(X=a, Y=b)$ で表す．

例 5.6　大小 2 つのさいころを同時に投げるとき，出た目の和の期待値を求める．

大小のさいころの出た目をそれぞれ X，Y とすると，

$$P(X=i, Y=j) = \frac{1}{36} \qquad (i,\ j \text{ は } 1 \text{ から } 6 \text{ までの整数})$$

このとき，$X+Y$ も確率変数で，2 から 12 までの整数値をとる．例えば，$X+Y=3$ のとき，$(X,Y)=(1,2)$，$(2,1)$ のいずれかであり，これら

は排反であるから

$$P(X+Y=3) = P(X=1,Y=2)+P(X=2,Y=1) = \frac{2}{36}$$

となる．同様に計算すると，確率分布は次の表のようになる．

$X+Y$	2	3	4	5	6	7	8	9	10	11	12	計
確率	$\frac{1}{36}$	$\frac{2}{36}$	$\frac{3}{36}$	$\frac{4}{36}$	$\frac{5}{36}$	$\frac{6}{36}$	$\frac{5}{36}$	$\frac{4}{36}$	$\frac{3}{36}$	$\frac{2}{36}$	$\frac{1}{36}$	1

この分布から $X+Y$ の期待値を計算すると

$$\begin{aligned} E(X+Y) &= \frac{1}{36}(2\cdot 1+3\cdot 2+4\cdot 3+5\cdot 4+\cdots+9\cdot 4+10\cdot 3+11\cdot 2+12\cdot 1) \\ &= \frac{1}{36}\cdot 252 = 7 \end{aligned}$$

一方，$E(X)=E(Y)=7/2$ であるから，$E(X+Y)=E(X)+E(Y)$ が成り立つ．

一般に，2 つの確率変数 X，Y について，次が成り立つ．

確率変数の和の期待値

a，b を任意の実数とする．このとき

$$E(aX+bY) = aE(X)+bE(Y)$$

上の式は，3 つ以上の確率変数の和に対しても成り立つ．

5.5.2 独立な確率変数

例 5.6 で大小 2 つのさいころを投げる試行は独立であるから，確率変数 X，Y のとる値のすべての組 i，j に対して

$$P(X=i,\ Y=j) = P(X=i)P(Y=j) \qquad \text{が成り立つ．}$$

2 つの確率変数の独立性については，次のように定義される．

確率変数の独立

2つの確率変数 X，Y があって，X のとる任意の値 x と Y のとる任意の値 y に対して

$$P(X = x,\ Y = y) = P(X = x)\,P(Y = y)$$

が成り立つとき，確率変数 X，Y は互いに**独立**であるという．独立でないとき，**従属**であるという．

2つの独立試行 T_1，T_2 があるとき，T_1 に関する確率変数 X と T_2 に関する確率変数 Y とは互いに独立である．

確率変数 X と Y の和の期待値については，X と Y が独立か従属かに関わらず

$$E(aX + bY) = a\,E(X) + b\,E(Y)$$

が成り立つ．

次に示す X と Y の積の期待値の性質については，独立である場合にのみ成り立つ．

独立な確率変数の積の期待値

確率変数 X と Y が独立とする．このとき

$$E(XY) = E(X)\,E(Y)$$

証明　確率変数 X のとる値を x_1，x_2，…，x_n，Y のとる値を y_1，y_2，…，y_m とすると

$$\begin{aligned} E(XY) &= \sum_{i=1}^{n}\sum_{j=1}^{m} x_i\,y_j\,P(X = x_i,\ Y = y_j) \\ &= \sum_{i=1}^{n}\sum_{j=1}^{m} x_i\,y_j\,P(X = x_i)\,P(Y = y_j) \end{aligned}$$

$$= \left\{ \sum_{i=1}^{n} x_i\, P(X = x_i) \right\} \left\{ \sum_{j=1}^{m} y_j\, P(Y = y_j) \right\}$$

$$= E(X)\, E(Y) \qquad \square$$

独立な確率変数の和の分散については，次の定理が成り立つ．

独立な確率変数の和の分散

確率変数 X と Y が独立とする．このとき

$$V(X+Y) = V(X) + V(Y)$$

証明 $E(X) = m_X$，$E(Y) = m_Y$ とする．このとき，$E(X+Y) = m_X + m_Y$ である．また，X と Y は独立なので，$E(XY) = m_X m_Y$ である．よって，分散は

$$\begin{aligned} V(X+Y) &= E\left[(X+Y)^2\right] - (m_X + m_Y)^2 \\ &= E\left[X^2 + 2XY + Y^2\right] - ({m_X}^2 + 2m_X m_Y + {m_Y}^2) \\ &= E(X^2) + 2E(XY) + E(Y^2) - {m_X}^2 - 2m_X m_Y - {m_Y}^2 \\ &= \{E(X^2) - {m_X}^2\} + \{E(Y^2) - {m_Y}^2\} \\ &= V(X) + V(Y) \end{aligned} \qquad \square$$

例 5.7 大小 2 つのさいころを同時に投げるとき，出た目の和の分散を求める．

大小のさいころの出た目をそれぞれ X，Y とすると，X と Y は互いに独立である．例 5.5（p.172）より，$V(X) = V(Y) = \frac{35}{12}$ なので

$$V(X+Y) = \frac{35}{12} + \frac{35}{12} = \frac{35}{6}$$

問 11. 確率変数 X，Y が互いに独立であって，それぞれの確率分布が次のように与えられているとき，和 $X+Y$ の期待値と分散を求めよ．

X の値	0	1	2	計
確率	0.1	0.6	0.3	1

Y の値	0	1	2	計
確率	0.2	0.6	0.2	1

3つの確率変数 X，Y，Z が互いに独立であるというのは，X，Y，Z のとる任意の値 x，y，z に対して

$$P(X=x,\ Y=y,\ Z=z) = P(X=x)P(Y=y)P(Z=z)$$

が成り立つことである．このとき，次のことが成り立つ．

$$E(XYZ) = E(X)E(Y)E(Z)$$

$$V(X+Y+Z) = V(X)+V(Y)+V(Z)$$

4つ以上の互いに独立な確率変数についても同様のことが成り立つ．

なお，独立性に関係なく，確率変数の和の期待値については

$$E(X_1+X_2+\cdots+X_n) = E(X_1)+E(X_2)+\cdots+E(X_n)$$

が成り立つ．

5.5.3　共分散と相関係数

確率変数 X と Y の間の関係の程度を示す量である共分散を定義する．

確率変数 X と Y の期待値をそれぞれ $E(X) = m_X$，$E(Y) = m_Y$ とするとき，$(X-m_X)$ と $(Y-m_Y)$ を掛け合わせたものの期待値を X と Y の**共分散**といい，$\mathrm{Cov}(X,Y)$ で表す†．

共分散

確率変数 X と Y の期待値をそれぞれ $E(X) = m_X$，$E(Y) = m_Y$ とする．このとき

$$\mathrm{Cov}(X,Y) = E[(X-m_X)(Y-m_Y)] \tag{5.8}$$

を X と Y の共分散という．

† $\mathrm{Cov}(X,Y)$ の Cov は covariance（共分散）に由来する．

確率変数の分散はその定義から非負であったが，共分散は負の値をとることもある．共分散は次のようにも表される．

共分散の公式

確率変数 X と Y の期待値をそれぞれ $E(X) = m_X$，$E(Y) = m_Y$ とする．このとき

$$\begin{aligned}\mathrm{Cov}(X, Y) &= E[XY] - E[X]E[Y] \\ &= E[XY] - m_X m_Y\end{aligned}$$

証明　共分散の定義式 (5.8) と期待値の性質より

$$\begin{aligned}\mathrm{Cov}(X, Y) &= E[(X - m_X)(Y - m_Y)] \\ &= E[XY - m_Y X - m_X Y + m_X m_Y] \\ &= E[XY] - m_Y E[X] - m_X E[Y] + m_X m_Y \\ &= E[XY] - m_X m_Y\end{aligned}$$

□

共分散 $\mathrm{Cov}(X, Y)$ について，次の性質が成り立つ．証明については省略するが，共分散の定義や公式と期待値の性質を用いれば，簡単に示せる．

共分散の性質

a，b，c，d は任意の実数とする．

(i)　$\mathrm{Cov}(X, X) = V(X)$

(ii)　$\mathrm{Cov}(X, Y) = \mathrm{Cov}(Y, X)$

(iii)　$\mathrm{Cov}(aX, Y) = \mathrm{Cov}(X, aY) = a\,\mathrm{Cov}(X, Y)$

(iv)　$\mathrm{Cov}(X + a,\ Y + b) = \mathrm{Cov}(X, Y)$

(v)　$\mathrm{Cov}(aX + bY,\ Z) = a\,\mathrm{Cov}(X, Z) + b\,\mathrm{Cov}(Y, Z)$

　　$\mathrm{Cov}(X, aY + bZ) = a\,\mathrm{Cov}(X, Y) + b\,\mathrm{Cov}(X, Z)$

(vi)　X と Y が独立ならば　$\mathrm{Cov}(X, Y) = 0$

【注意】 (vi) の逆は必ずしも成り立たない．$\mathrm{Cov}(X,Y)=0$ となることを無相関であるというが，X と Y が無相関であっても独立とは限らない．

共分散の性質 (i)，(v) より $V(aX+bY)$ は

$$\begin{aligned} V(aX+bY) &= \mathrm{Cov}(aX+bY, aX+bY) \\ &= a^2V(X)+b^2V(Y)+2ab\,\mathrm{Cov}(X,Y) \end{aligned}$$

と表される．特に X と Y が独立な場合には，共分散の性質 (vi) より $\mathrm{Cov}(X,Y)=0$ となることから，次が成り立つ．

確率変数の和の分散

a，b を任意の実数とする．

(i) 確率変数 X と Y が独立であるとき

$$V(aX+bY) = a^2V(X)+b^2V(Y)$$

(ii) 確率変数 X と Y が従属であるとき

$$V(aX+bY) = a^2V(X)+b^2V(Y)+2ab\,\mathrm{Cov}(X,Y)$$

共分散は 2 つの確率変数間の関係を示す上で重要な量であるが，実際の問題では，共分散のかわりに相関係数と呼ばれる値が使われることも多い．共分散 $\mathrm{Cov}(X,Y)$ を X と Y の標準偏差で割ったものを**相関係数**といい，$\rho(X,Y)$ または単に ρ で表す†．

相関係数

確率変数 X と Y の分散をそれぞれ $V(X)$，$V(Y)$ とし，共分散を $\mathrm{Cov}(X,Y)$ とする．このとき，X と Y の相関係数を

$$\rho(X,Y) = \frac{\mathrm{Cov}(X,Y)}{\sqrt{V(X)}\sqrt{V(Y)}} \tag{5.9}$$

で定義する．

† ρ はギリシャ文字の小文字のローである．

式 (5.9) の形から，相関係数 $\rho(X,Y)$ の正負は，共分散 $\mathrm{Cov}(X,Y)$ の正負と一致する．共分散がとりうる値の範囲は確率変数に依存するが，相関係数がとりうる値の範囲は

$$-1 \leqq \rho \leqq 1$$

となる．また，確率変数 X と Y が独立ならば

$$\rho(X,Y) = 0$$

が成り立つ．

コーヒーブレイク：リスクと標準偏差

金融商品には必ず，「リスク」と「リターン」がある．ここで，リターンとは，投資を行うことで得られる収益のことである．リスクとは結果が不確実であることを意味し，具体的には，価格変動の大きさを指す．

一般的に，リスクの小さな資産（預貯金など）は得られるリターンが小さく，リスクの大きな資産（株式など）は高いリターンが得られるといわれている．これを「リスクとリターンのトレードオフ」という．

もし，リターンの期待値（期待収益率）が同じであれば，リスクがより小さい金融商品が選ばれる傾向にある．このように，同じリターンを得るのにリスクの小さい商品を好むという態度を「危険回避的」という．ここで，各金融商品のリスクは，リターンの標準偏差を用いて表す．

1 年後に次のような収益が期待できる 2 つの金融商品 (A)，(B) を考える．

(A) 確率 $\frac{1}{2}$ で 3%，確率 $\frac{1}{2}$ で 1% の収益が得られる商品

(B) 確率 $\frac{4}{5}$ で 6% の収益を得るが，確率 $\frac{1}{5}$ で 14% の損益となる商品（14% の損益とは −14% の収益を意味する）

上の 2 つの金融商品の収益率の期待値を計算すると

(A) $3 \times \frac{1}{2} + 1 \times \frac{1}{2} = 2$　　(B) $6 \times \frac{4}{5} + (-14) \times \frac{1}{5} = 2$

となり，いずれもリターンは 2% となる．ここで，リターンの分散を計算すると

(A) $(3-2)^2 \times \frac{1}{2} + (1-2)^2 \times \frac{1}{2} = 1$

(B) $(6-2)^2 \times \frac{4}{5} + (-14-2)^2 \times \frac{1}{5} = 64$

となるので，標準偏差はそれぞれ

(A) 1%　　(B) 8%

となる．すなわち，上記 2 つの金融商品は同じリターン（期待収益率）が望めるが，リスク（標準偏差）が大きく異なる（図参照）．したがって，危険回避的な人は金融商品 (A) を選択する．

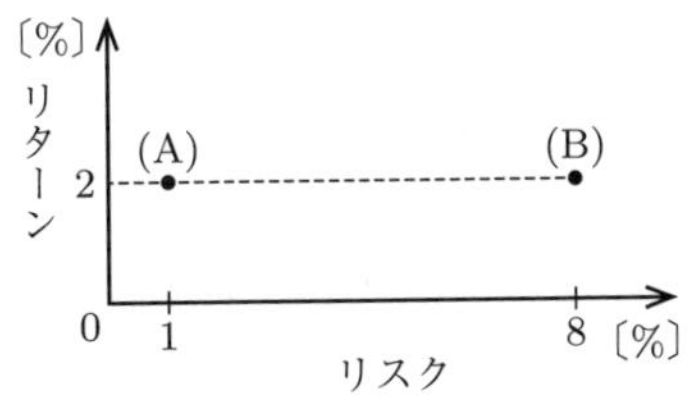

図　2 つの金融商品のリスクとリターン

付　　録

A.1　集合と命題

A.1.1　集　　合

〔1〕 集合の表し方

ある条件を満たすもの全体の集まりを**集合**という．集合に属している１つ１つのものを，その集合の**要素**という．集合は A，B などの大文字を用いて表す．

a が集合 A の要素であるとき，a は集合 A に属するといい，「$a \in A$」と表す．また，b が集合 A の要素でないことを，「$b \notin A$」と表す．

集合を表すには，次の２通りの方法がある．

(i) $\{\quad\}$ の中にすべての要素を書き並べて表す

(ii) 要素の満たす条件を $\{\quad\}$ の中の縦線の右に述べて表す

例えば，100 以下の正の偶数全体の集合を２通りの方法で表すと

(i) $\{2, 4, 6, \cdots, 100\}$　　(ii) $\{2n \mid n = 1, 2, 3, \cdots, 50\}$

となる．

自然数全体の集合を $\mathbb{N}$ で表すと，次のいずれも正の偶数全体の集合を表す．

$$\{2, 4, 6, \cdots\}, \quad \{2n \mid n = 1, 2, 3, \cdots\}, \quad \{2n \mid n \in \mathbb{N}\}$$

100 以下の正の偶数全体の集合のように，有限個の要素からなる集合を**有限集合**という．一方，正の偶数全体の集合のように，有限集合ではない集合を**無限集合**という．

〔2〕 部 分 集 合

集合 A のどの要素も集合 B の要素であるとき，すなわち

$$x \in A \quad \text{ならば} \quad x \in B$$

のとき，A は B の**部分集合**であるといい，「$A \subset B$」または「$B \supset A$」と表す（図 **A.1** 参照）．このとき，A は B に含まれる，または B は A を含むという．なお，A 自身も A の部分集合である．すなわち，$A \subset A$ である．

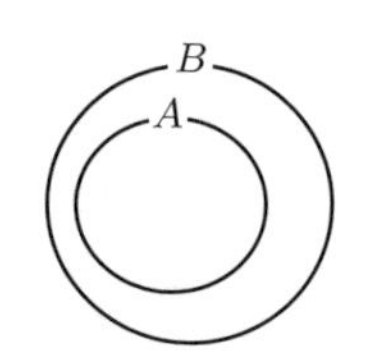

図 **A.1**　$A \subset B$

集合 A と集合 B の要素が完全に一致しているとき，A と B は等しいといい，$A = B$ と表す．「$A \subset B$ かつ $B \subset A$」のとき，「$A = B$」である．

要素を1つも持たないものも特別な集合と考える．この集合を**空集合**といい，$\varnothing$ で表す．また，空集合は，すべての集合の部分集合であると考える．すなわち，任意の集合 A に対して，$\varnothing \subset A$ とする．

〔3〕 積集合と和集合

2つの集合 A，B に対して，A と B の両方に属する要素全体の集合を，A と B の**積集合**（または **共通部分**）といい，$A \cap B$ で表す（図 **A.2** 参照）．すなわち

$$A \cap B = \{x \mid x \in A \quad \text{かつ} \quad x \in B\}$$

$A \cap B = \varnothing$ が成り立つとき，集合 A，B は**互いに素**であるという（図 **A.3** 参照）．

また，A と B の少なくとも一方に属する要素全体の集合を，A と B の**和集合**といい，$A \cup B$ で表す（図 **A.4** 参照）．すなわち

$$A \cup B = \{x \mid x \in A \quad \text{または} \quad x \in B\}$$

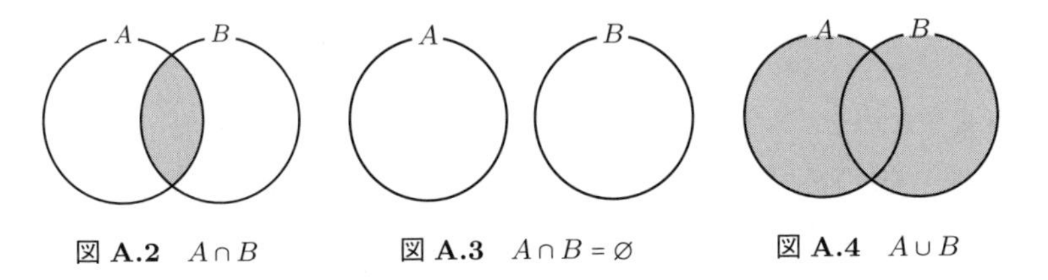

図 **A.2**　$A \cap B$　　図 **A.3**　$A \cap B = \varnothing$　　図 **A.4**　$A \cup B$

例 A.1　$A = \{2, 4, 6, 8, 10, 12\}$，$B = \{3, 6, 9, 12\}$　のとき

$$A \cap B = \{6, 12\}, \quad A \cup B = \{2, 3, 4, 6, 8, 9, 10, 12\}$$

---

〔4〕 補　集　合

集合を考える際に，1つの集合 U をあらかじめ定めておいて，U の要素や部分集合について考えることが多い．

このとき，集合 U を**全体集合**という．

全体集合 U の部分集合 A について，A に属さない U の要素全体の集合を，A の**補集合**といい，A^c で表す（図 **A.5** 参照）†．すなわち

$$A^c = \{x \mid x \in U \text{ かつ } x \notin A\}$$

補集合については，次の性質が成り立つ．

† A^c の c は complement（補集合）に由来する．なお，補集合を表すのに $\overline{A}$ を用いることもある．

補集合の性質

$$A \cup A^c = U, \qquad A \cap A^c = \varnothing, \qquad (A^c)^c = A$$

集合 A から集合 B に含まれる要素を取り除いた集合を**差集合**といい，$A \backslash B$ で表す（図 **A.6** 参照）．差集合の記号を用いると，A の補集合は

$$A^c = U \backslash A$$

と表される．

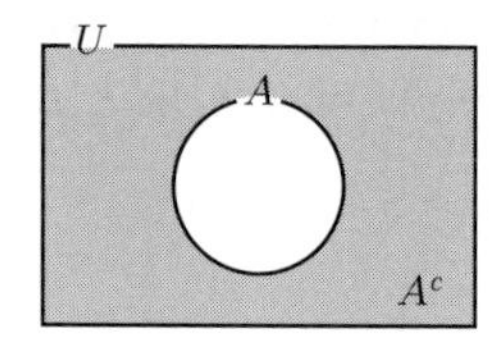

図 **A.5**　A^c

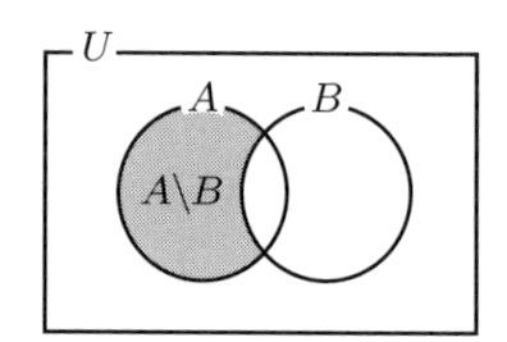

図 **A.6**　$A \backslash B$

全体集合 U の 2 つの部分集合 A，B が与えられているとする．U は $A \cap B$，$A \backslash B$，$B \backslash A$，$A^c \cap B^c$ の 4 つの部分集合に分けられる（図 **A.7** 参照）．

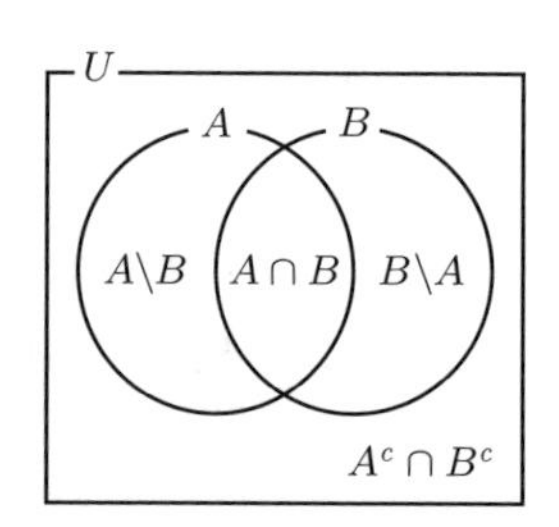

図 **A.7**　ド・モルガンの法則の参考図

これより，$A \cup B$，$A \cap B$ の補集合について，次の法則が成り立つ．

ド・モルガンの法則

$$(A \cup B)^c = A^c \cap B^c, \qquad (A \cap B)^c = A^c \cup B^c$$

A.1.2　命 題 と 条 件

〔**1**〕　命　　　題

ある事柄を述べた文または式で，それが正しいか正しくないかが明確に判断できる

ものを**命題**という．命題が正しいとき，その命題は真であるといい，正しくないとき偽であるという．命題を p，q などの文字や記号で表す．

例 A.2 (1) 5 は奇数である．　(2) $\sqrt{2}+\sqrt{3} = \sqrt{5}$

このうち，(1) の命題は真であり，(2) の命題は偽である．

ここで

「p ならば q」

という形の命題を考える．p をこの命題の**仮定**，q をこの命題の**結論**という．

例 A.3 x を実数とするとき，命題の真偽は次のとおりになる．

(1) 「$x = 0$ ならば $x^2 = 0$」：　真

(2) 「$x^2 \geqq 1$ ならば $x \geqq 1$」：　偽

例 A.3 で (2) の命題が偽であることは，$x = -2$ であるときに成り立たないことからわかる．このように，命題が偽であることを示すには，それが成り立たない例を 1 つ挙げればよい．そのような例を**反例**という．

〔2〕 必要条件・十分条件

仮定 p から結論 q が必ず導かれるとき，この命題を記号 $p \Longrightarrow q$ で表し，

「 q は p であるための**必要条件**である」

「 p は q であるための**十分条件**である」

という．

例 A.4 x は実数とする．命題「 $x = 2 \Longrightarrow x^2 = 4$ 」は真であるから

$x^2 = 4$ は $x = 2$ であるための必要条件であり，

$x = 2$ は $x^2 = 4$ であるための十分条件である．

$p \Longrightarrow q$ かつ $q \Longrightarrow p$ であるとき，記号

$p \Longleftrightarrow q$

で表し，「 q は p であるための**必要十分条件**である」という．この場合，「 p は q であるための必要十分条件である」ともいう．このとき，p と q は互いに**同値**であるという．

例 A.5 x は実数とする．命題「 $x = 0 \Longrightarrow x^2 = 0$ 」と「 $x^2 = 0 \Longrightarrow x = 0$ 」はともに真であるから，$x^2 = 0$ は $x = 0$ であるための必要十分条件である．また，$x = 0$ は $x^2 = 0$ であるための必要十分条件である．

すなわち，$x=0$ と $x^2=0$ は互いに同値である．

---

〔3〕 条件と集合

条件 p を満たすもの全体の集合を P，条件 q を満たすもの全体の集合を Q とする．$p \Longrightarrow q$ であるとき，条件 p を満たすものは必ず条件 q を満たすから $P \subset Q$ である．逆に $P \subset Q$ ならば $p \Longrightarrow q$ である（図 **A.8** 参照）．

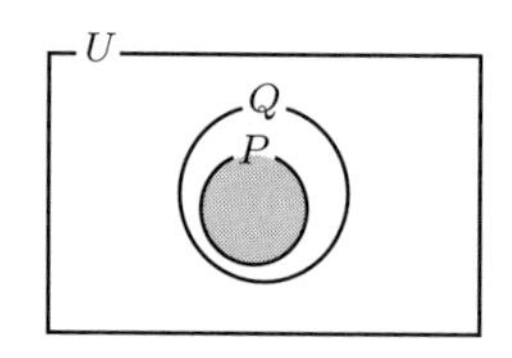

図 **A.8**　命題「$p \Longrightarrow q$」と集合の包含関係

$p \Longleftrightarrow q$ であるとき $p \Longrightarrow q$ かつ $q \Longrightarrow p$ であるから，$P \subset Q$ かつ $Q \subset P$ であり，$P=Q$ となる．

命題 p に対して「p でない」という命題を p の否定といい，$\overline{p}$ と書く．

例 A.6　x は実数とする．

(1)「$x=2$」の否定は　「$x \neq 2$」

(2)「$x<3$」の否定は　「$x \geqq 3$」

命題「$p \Longrightarrow q$」に対して

$q \Longrightarrow p$　を　$p \Longrightarrow q$　の　逆

$\overline{q} \Longrightarrow \overline{p}$　を　$p \Longrightarrow q$　の　対偶

$\overline{p} \Longrightarrow \overline{q}$　を　$p \Longrightarrow q$　の　裏

という．

例 A.7　x を実数とするとき，命題「$x=1 \Longrightarrow x^2=1$」は真である．この命題の逆，対偶，裏の真偽は以下のとおりである．

逆	$x^2=1 \Longrightarrow x=1$	偽	（反例：$x=-1$）
対偶	$x^2 \neq 1 \Longrightarrow x \neq 1$	真	
裏	$x \neq 1 \Longrightarrow x^2 \neq 1$	偽	（反例：$x=-1$）

一般に，命題が真であっても，その逆は真であるとは限らない．

例 A.7 では，命題と対偶はともに真であった．一般に，命題とその対偶については，真偽が一致する．

考えている対象の全体集合を U とし，条件 p，q を満たすもの全体の集合をそれぞれ P，Q とする．このとき，$\overline{p}$，$\overline{q}$ を満たすものの集合は補集合 P^c，Q^c である．

「 $p \Longrightarrow q$ 」 と 「 $P \subset Q$ 」 は同値

「 $\overline{q} \Longrightarrow \overline{p}$ 」 と 「 $Q^c \subset P^c$ 」 は同値

である．

ここで，$P \subset Q \iff Q^c \subset P^c$ が成り立つ（図 **A.9** 参照）から，「 $p \Longrightarrow q$ 」と「 $\overline{q} \Longrightarrow \overline{p}$ 」は同値となる．

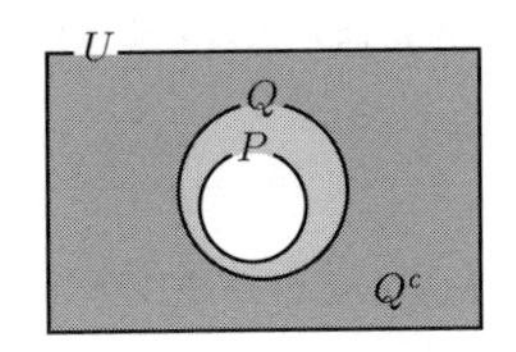

図 **A.9**　$P \subset Q \iff Q^c \subset P^c$

このことは，次のように述べられる．

命題とその対偶

命題 $p \Longrightarrow q$ とその対偶 $\overline{q} \Longrightarrow \overline{p}$ の真偽は一致する．

これより，ある命題を証明するには，その対偶を証明してもよいことがわかる．これは数学でよく用いられる証明方法である．

A.2　場　合　の　数

A.2.1　場合の数の基本法則

ある事柄について，考えられるすべての場合を数え上げるとき，その総数を**場合の数**という．場合の数を求めるときに基本となる法則は，和の法則と積の法則である．

〔1〕 和　の　法　則

大小 2 つのさいころを同時に投げるとき，出た目の和が 4 または 5 になる場合の数を考える．(大の目の数，小の目の数) で 2 つのさいころの出た目を表すと，目の和が 4 になるのは

$$\{(1,3),(2,2),(3,1)\}$$

の 3 通りであり，目の和が 5 になるのは

$$\{(1,4),(2,3),(3,2),(4,1)\}$$

の 4 通りである．また，目の和が 4 になることと，5 になることは同時には起こり得ない．したがって，目の和が 4 または 5 になる場合の数は $3+4=7$ より 7 通りである．

一般に，場合の数について，次の和の法則が成り立つ．

和の法則

2 つの事柄 A，B があって，これらは同時に起こり得ないとする．A の起こり方が m 通り，B の起こり方が n 通りあるとすれば，A または B の起こる場合の数は，$m+n$ 通りである．

3 つ以上の事柄についても，同様のことが成り立つ．

〔2〕 積 の 法 則

A 市と B 市の間には 3 本の道路があり，B 市と C 市の間には 2 本の道路がある．A 市から B 市を経由して C 市に行く方法は何通りあるかを求める．

A 市から B 市への 3 通りの行き方のどれを選んでも，そのそれぞれに対して，B 市から C 市への行き方は 2 通りずつある（図 **A.10** 参照）．

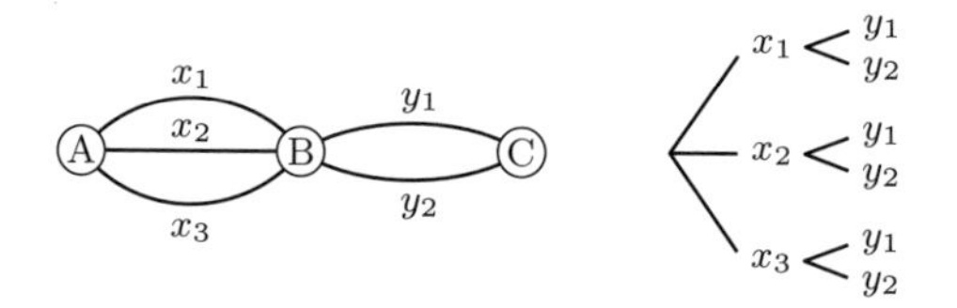

図 A.10　積の法則の例

よって，A 市から C 市までの行き方の場合の数は，$3\times 2=6$（通り）あることになる．

一般に，場合の数について，次の積の法則が成り立つ．

積の法則

事柄 A の起こり方が m 通りあり，それぞれの場合に対して，事柄 B の起こり方が n 通りあるとする．このとき，A，B がともに起こる場合の数は，mn 通りである．

3 つ以上の事柄についても，同様のことが成り立つ．

A.2.2 順　　列

いくつかのものを順序をつけて1列に並べたものを**順列**という．

異なる n 個のものから r 個を取り出して1列に並べたものを，「n 個から r 個取る順列」といい，それらの順列の総数を ${}_n\mathrm{P}_r$ という記号で表す†.

a，b，c，d の4個の文字から3個の文字を取り出して1列に並べるとき，並べ方の総数を考える．

1番目の文字の選び方は a，b，c，d の4通りある．2番目の文字の選び方は1番目の文字以外の3通りある．3番目の文字の選び方は，1番目と2番目の文字以外の2通りある．したがって，求める順列の総数 ${}_4\mathrm{P}_3$ は積の法則により

$$ {}_4\mathrm{P}_3 = 4 \times 3 \times 2 = 24 $$

である．

一般に，${}_n\mathrm{P}_r$ は，n から始めて1ずつ小さくなる r 個の整数の積として求められる．

1番目	2番目	3番目	…	r 番目
○	○	○	…	○
↑	↑	↑	…	↑
n 通り	$(n-1)$ 通り	$(n-2)$ 通り	…	$(n-r+1)$ 通り

順列の総数

n 個から r 個取る順列の総数 ${}_n\mathrm{P}_r$ は以下の式で求められる．

$$ {}_n\mathrm{P}_r = \underbrace{n(n-1)(n-2)\cdots(n-r+1)}_{r\ \text{個の数の積}} $$

${}_n\mathrm{P}_r$ の式で，とくに $r = n$ とすれば

$$ {}_n\mathrm{P}_n = n(n-1)(n-2)\cdots 3 \cdot 2 \cdot 1 $$

となる．これは，異なる n 個のものをすべて並べる順列の総数であり，1から n までのすべての自然数の積である．これを n の**階乗**といい，記号 $n!$ で表す．すなわち

$$ n! = n(n-1)(n-2)\cdots 3 \cdot 2 \cdot 1 $$

であり，この記号を用いれば，${}_n\mathrm{P}_n = n!$　である．

また，$r < n$ のとき

$$ \begin{aligned} {}_n\mathrm{P}_r &= n(n-1)(n-2)\cdots(n-r+1) \\ &= \frac{n(n-1)(n-2)\cdots(n-r+1)(n-r)\cdots 3 \cdot 2 \cdot 1}{(n-r)\cdots 3 \cdot 2 \cdot 1} \end{aligned} $$

† ${}_n\mathrm{P}_r$ の P は permutation（順列）に由来する．

と変形できるから

$$ {}_nP_r = \frac{n!}{(n-r)!} \tag{A.1} $$

である．ここで，式 (A.1) の右辺で $r = n$ とおくと形式的に $\dfrac{n!}{0!}$ となる．${}_nP_n = n!$ であるから，$r = n$ のときにも式 (A.1) が成り立つように

$$ 0! = 1 $$

と定める．

さらに，$r = 0$ のときにも式 (A.1) が成り立つように，${}_nP_0 = 1$　と定める．

例題 A.1　7 人を 1 列に並べるとき，特定の 2 人が隣り合って並ぶ方法は何通りあるか．

【解答】　特定の 2 人を a，b とする．a，b をひとまとめにして 1 人と考えれば，順列の数は 6 人の順列の数 $6!$ に等しい．その順列のおのおのに対して，a，b を入れ替えれば，$2!$ だけの順列が得られる．したがって，求める順列の数は

$$ 6!2! = 1440 \quad （通り） $$

◇

A.2.3　組　合　せ

ものを 1 列に並べるときは順序を考えるが，集合をつくるときは要素の並ぶ順序は問題としない．例えば，4 個の文字 a，b，c，d から 3 文字を取り出して，3 つの要素からなる集合をつくるとき，得られる集合は全部で

$$ \{a, b, c\}，\{a, b, d\}，\{a, c, d\}，\{b, c, d\} $$

の 4 つである．

一般に，異なる n 個のものから r 個のものを取り出して得られる集合を，「n 個から r 個取る**組合せ**」といい，その総数を ${}_nC_r$ という記号で表す†．

4 文字から 3 文字を取る組合せの総数は，${}_4C_3 = 4$ である．

${}_nC_r$ は次のように考えて求めることもできる．

${}_nC_r$ 個の組合せのうちの 1 つをとって，これに順序をつけると，$r!$ 個の順列が得られる．これをすべての組合せに対して行えば，全体で ${}_nC_r \times r!$ 個の順列ができるが，これは n 個のものから r 個取った順列の総数 ${}_nP_r$ に等しい．すなわち

$$ {}_nC_r \times r! = {}_nP_r $$

したがって，次の公式が成り立つ．

---

† ${}_nC_r$ の C は combination（組合せ）に由来する．

組合せの総数

n 個から r 個取る組合せの総数 ${}_n\mathrm{C}_r$ は以下の式で求められる.

$$ {}_n\mathrm{C}_r = \frac{{}_n\mathrm{P}_r}{r!} = \frac{n(n-1)(n-2)\cdots(n-r+1)}{r(r-1)\cdots 3\cdot 2\cdot 1} = \frac{n!}{r!(n-r)!} $$

上の公式が $r=0$ のときにも成り立つように, ${}_n\mathrm{C}_0=1$ と定める. n 個から r 個取り出すことは, 取り出されずに残る $n-r$ 個を決めることと同じであるから, 次の等式が成り立つ.

$$ {}_n\mathrm{C}_r = {}_n\mathrm{C}_{n-r} $$

例題 A.2　12 人の学生を次のように分ける方法は何通りあるか.

(1) 4 人ずつ A, B, C の 3 組に分ける.

(2) 4 人ずつ 3 組に分ける.

【解答】

(1) 12 人のうちから, A 組に入る 4 人を選ぶ方法は ${}_{12}\mathrm{C}_4$ 通りある. 次に, 残りの 8 人から, B 組に入る 4 人を選ぶ方法は ${}_8\mathrm{C}_4$ 通りある. C 組には, 残りの 4 人が入ればよい.

したがって, 積の法則により, 求める分け方の数は

$$ {}_{12}\mathrm{C}_4\times{}_8\mathrm{C}_4\times{}_4\mathrm{C}_4 = \frac{12!}{4!8!}\cdot\frac{8!}{4!4!}\cdot 1 = \frac{12!}{4!4!4!} = 34650 \quad (\text{通り}) $$

(2) 求める分け方が x 通りあるとする. それぞれの分け方に対して, 3 つの組をそれぞれ A, B, C として区別すれば $3!$ 通りの場合ができる.

これは x 通りのどの分け方についてもいえるから, (1) より

$$ x\times 3! = 34650 $$

したがって, 求める分け方の数は

$$ x = \frac{34650}{3!} = 5775 \quad (\text{通り}) $$

◇

A.2.4 二　項　定　理

本節では, $(a+b)^n$ の展開式の求め方を考える.

例として, $(a+b)^5$ の展開式を次のようにして求めてみる.

$$ (a+b)^5 = (a+b)(a+b)(a+b)(a+b)(a+b) $$

であるから, 右辺の 5 つの因数のうち, いずれか 2 つを選んでその因数からは b を,

残り 3 つの因数からは a をとって掛けたものが a^3b^2 となる．したがって，その選び方の個数が a^3b^2 の係数となる．5 個のものから 2 個を取り出す組合せの数は ${}_5\mathrm{C}_2$ であるから，求める係数は

$$ {}_5\mathrm{C}_2 = \frac{5!}{2!3!} = 10 $$

すなわち，$(a+b)^5$ の展開式における a^3b^2 の係数は ${}_5\mathrm{C}_2 = 10$ である．

同様に考えて

$$ a^5,\ a^4b,\ a^2b^3,\ ab^4,\ b^5 $$

の係数は，それぞれ

$$ {}_5\mathrm{C}_0 = 1,\ {}_5\mathrm{C}_1 = 5,\ {}_5\mathrm{C}_3 = 10,\ {}_5\mathrm{C}_4 = 5,\ {}_5\mathrm{C}_5 = 1 $$

となるので，

$$ (a+b)^5 = a^5 + 5a^4b + 10a^3b^2 + 10a^2b^3 + 5ab^4 + b^5 $$

が得られる．

一般に，$(a+b)^n$ の展開式における

$$ a^n,\ a^{n-1}b,\ a^{n-2}b^2,\ \cdots,\ a^{n-r}b^r,\ \cdots,\ b^n $$

の係数は，それぞれ

$$ {}_n\mathrm{C}_0,\ {}_n\mathrm{C}_1,\ {}_n\mathrm{C}_2,\ \cdots,\ {}_n\mathrm{C}_r,\ \cdots,\ {}_n\mathrm{C}_n $$

となる．こうして，次の展開公式が得られる．これを二項定理という．

二項定理

$$ (a+b)^n = {}_n\mathrm{C}_0a^n + {}_n\mathrm{C}_1a^{n-1}b + {}_n\mathrm{C}_2a^{n-2}b^2 + \cdots + {}_n\mathrm{C}_ra^{n-r}b^r + \cdots + {}_n\mathrm{C}_{n-1}ab^{n-1} + {}_n\mathrm{C}_nb^n $$

右辺の係数 ${}_n\mathrm{C}_r$ を**二項係数**という．また，${}_n\mathrm{C}_ra^{n-r}b^r$ を二項定理による展開式の一般項という．${}_n\mathrm{C}_r = {}_n\mathrm{C}_{n-r}$ であるから，$(a+b)^n$ の展開式における $a^{n-r}b^r$ の係数と a^rb^{n-r} の係数は等しい．

A.3　1 変数関数の積分

A.3.1　不　定　積　分

関数 $f(x)$ に対して，微分すると $f(x)$ になる関数を，$f(x)$ の**原始関数**という．$F(x)$ が $f(x)$ の原始関数ならば

$$ F'(x) = f(x) $$

が成り立つ．また，任意の定数 C を加えても

$$(F(x)+C)' = f(x)$$

であるから，$F(x)+C$ も $f(x)$ の原始関数である．

$f(x)$ の原始関数を，$f(x)$ の**不定積分**ともいい，記号

$$\int f(x)\,dx$$

で表す[†]．

$F(x)$ を $f(x)$ の原始関数の 1 つとすると，$f(x)$ の不定積分は

$$\int f(x)\,dx = F(x)+C$$

である．

$f(x)$ の不定積分を求めることを，$f(x)$ を積分するといい，$f(x)$ を **被積分関数**，x を **積分変数**という．また，C を**積分定数**という．

例として，$f(x)=3x^2$ の不定積分を考える．

$(x^3)'=3x^2$ より，x^3 は $3x^2$ の原始関数であるので

$$\int 3x^2\,dx = x^3+C \qquad (C\text{ は積分定数})$$

となる．

不定積分

$F'(x) = f(x)$ のとき

$$\int f(x)\,dx = F(x)+C \qquad (C\text{ は積分定数})$$

以下，C は積分定数とする．

微分の性質から次が成り立つ．

不定積分の性質

(i) $\displaystyle\int kf(x)\,dx = k\int f(x)\,dx$　　(k は定数)

(ii) $\displaystyle\int \{f(x)\pm g(x)\}\,dx = \int f(x)\,dx \pm \int g(x)\,dx$　　(複号同順)

† 記号 $\int$ は インテグラル と読む．

3 章で扱った初等関数の微分から，以下の不定積分が導かれる．

基本的な関数の不定積分

- $(x^{\alpha+1})' = (\alpha+1)\,x^{\alpha} \quad\Longrightarrow\quad \displaystyle\int x^{\alpha}\,dx = \frac{1}{\alpha+1}x^{\alpha+1} + C \qquad (\alpha \neq -1)$
- $(\log|x|)' = \dfrac{1}{x} \quad\Longrightarrow\quad \displaystyle\int \frac{1}{x}\,dx = \log|x| + C$
- $(\log|f(x)|)' = \dfrac{f'(x)}{f(x)} \quad\Longrightarrow\quad \displaystyle\int \frac{f'(x)}{f(x)}\,dx = \log|f(x)| + C$
- $(e^{x})' = e^{x} \quad\Longrightarrow\quad \displaystyle\int e^{x}\,dx = e^{x} + C$
- $(a^{x})' = a^{x}\log a \quad\Longrightarrow\quad \displaystyle\int a^{x}\,dx = \frac{a^{x}}{\log a} + C \qquad (a > 0,\, a \neq 1)$

また，a，b を定数（ただし $a \neq 0$）とするとき

$$\{(ax+b)^{r+1}\}' = a\,(r+1)\,(ax+b)^{r} \qquad (r \neq -1)$$

$$(e^{ax+b})' = a\,e^{ax+b}$$

となることから

$$\int (ax+b)^{r}\,dx = \frac{1}{a\,(r+1)}(ax+b)^{r+1} + C \qquad (r \neq -1)$$

$$\int e^{ax+b}\,dx = \frac{1}{a}e^{ax+b} + C$$

一般に，次の式が成り立つ．

$f(ax+b)$ の不定積分

$$\int f(x)\,dx = F(x) + C \quad \text{のとき}$$

$$\int f(ax+b)\,dx = \frac{1}{a}F(ax+b) + C \qquad (a \neq 0)$$

関数 $f(x)$ と $g(x)$ の積の導関数は

$$\{f(x)g(x)\}' = f'(x)g(x) + f(x)g'(x)$$

であるから

$$f(x)g'(x) = \{f(x)g(x)\}' - f'(x)g(x)$$

が得られる．この両辺を積分して次の公式が得られる（この公式を用いて積分する方法を**部分積分法**という）．

> **部分積分法**
>
> $$\int f(x)g'(x)\,dx = f(x)g(x) - \int f'(x)g(x)\,dx$$

例題 A.3 次の不定積分を求めよ．

(1) $\displaystyle\int (-6x^2 + x + 3)\,dx$ (2) $\displaystyle\int x\sqrt{x}\,dx$ (3) $\displaystyle\int \frac{x^2+1}{x^3}\,dx$

(4) $\displaystyle\int e^{2x}\,dx$ (5) $\displaystyle\int xe^x\,dx$

【解答】

(1) $\displaystyle\int (-6x^2 + x + 3)\,dx = -2x^3 + \frac{1}{2}x^2 + 3x + C$

(2) $\displaystyle\int x\sqrt{x}\,dx = \int x^{3/2}\,dx = \frac{2}{5}x^{5/2} + C = \frac{2x^2\sqrt{x}}{5} + C$

(3) $\displaystyle\int \frac{x^2+1}{x^3}\,dx = \int \left(\frac{1}{x} + \frac{1}{x^3}\right)dx = \log|x| - \frac{1}{2}x^{-2} + C = \log|x| - \frac{1}{2x^2} + C$

(4) $(e^{2x})' = 2e^{2x}$ より， $\displaystyle\int e^{2x}\,dx = \frac{1}{2}e^{2x} + C$

(5) 部分積分法を用いて

$$\int xe^x\,dx = \int x\,(e^x)'\,dx = xe^x - \int (x)'e^x\,dx = xe^x - e^x + C = (x-1)e^x + C \quad \diamond$$

A.3.2 定　積　分

$f(x)$ の原始関数の 1 つを $F(x)$ とするとき，$F(b) - F(a)$ は，原始関数の選び方に関係なく定まる．

この $F(b) - F(a)$ を，関数 $f(x)$ の a から b までの**定積分**といい

$$\int_a^b f(x)\,dx$$

で表す．

関数 $F(x)$ に対し，$F(b) - F(a)$ を $\Big[F(x)\Big]_a^b$ で表す．

定積分

$f(x)$ の原始関数の 1 つを $F(x)$ とすると

$$\int_a^b f(x)\,dx = \Big[F(x)\Big]_a^b = F(b) - F(a)$$

定積分について，次の性質が成り立つ．

定積分の性質

(i) $\displaystyle\int_a^b f(x)\,dx = \int_a^b f(t)\,dt$

(ii) $\displaystyle\int_a^b kf(x)\,dx = k\int_a^b f(x)\,dx$　（k は定数）

(iii) $\displaystyle\int_a^b \{f(x) \pm g(x)\}\,dx = \int_a^b f(x)\,dx \pm \int_a^b g(x)\,dx$　（複号同順）

(iv) $\displaystyle\int_a^a f(x)\,dx = 0$

(v) $\displaystyle\int_b^a f(x)\,dx = -\int_a^b f(x)\,dx$

(vi) $\displaystyle\int_a^b f(x)\,dx = \int_a^c f(x)\,dx + \int_c^b f(x)\,dx$

(vii) $\displaystyle\frac{d}{dx}\int_a^x f(t)\,dt = f(x)$

例題 A.4　次の定積分を求めよ．

(1) $\displaystyle\int_{-1}^2 (x^3 - x + 2)\,dx$　　(2) $\displaystyle\int_0^x 2e^{-2t}\,dt$

【解答】

(1) $\displaystyle\int_{-1}^2 (x^3 - x + 2)\,dx = \left[\frac{1}{4}x^4 - \frac{1}{2}x^2 + 2x\right]_{-1}^2 = (4 - 2 + 4) - (\frac{1}{4} - \frac{1}{2} - 2) = \frac{33}{4}$

(2) $\displaystyle\int_0^x 2e^{-2t}\,dt = \Big[-e^{-2t}\Big]_0^x = -e^{-2x} + 1$　◇

A.3.3　定積分と面積

区間 $a \leqq x \leqq b$ でつねに $f(x) \geqq 0$ とする．曲線 $y = f(x)$ と x 軸，および 2 直線 $x = a$，$x = b$ で囲まれた部分の面積 S は

$$S = \int_a^b f(x)\,dx$$

で与えられる（図 **A.11** 参照）．

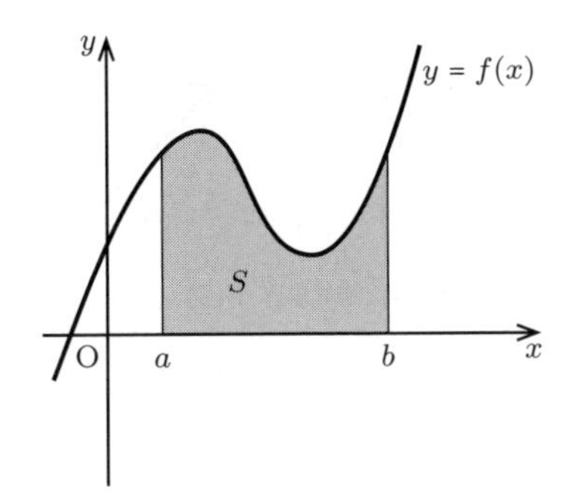

図 **A.11**　$S = \int_a^b f(x)dx$

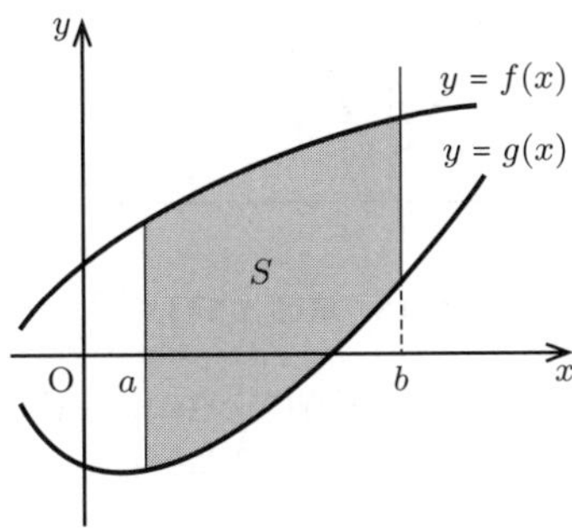

図 **A.12**　$S = \int_a^b \{f(x) - g(x)\}dx$

2 つの曲線 $y = f(x)$ と $y = g(x)$ が区間 $a \leqq x \leqq b$ において $f(x) \geqq g(x)$ を満たすとき，これら 2 つの曲線と 2 直線 $x = a$，$x = b$ で囲まれた部分の面積 S は

$$S = \int_a^b \{f(x) - g(x)\}\,dx \tag{A.2}$$

で与えられる（図 **A.12** 参照）．

区間 $a \leqq x \leqq b$ でつねに $g(x) \leqq 0$ とする．曲線 $y = g(x)$ と x 軸，および 2 直線 $x = a$，$x = b$ で囲まれた部分の面積 S は，x 軸の方程式が $y = 0$ であるので，式 (A.2) において $f(x) = 0$ とおくと，次のようになる．

$$S = \int_a^b \{0 - g(x)\}\,dx = -\int_a^b g(x)\,dx$$

例題 A.5

(1)　放物線 $y = x^2 + 1$ と x 軸および 2 直線 $x = -2$，$x = 1$ で囲まれた部分の面積 S を求めよ．

(2)　放物線 $y = -x^2 + 3x$ と直線 $y = -x + 3$ で囲まれた部分の面積 S を求めよ．

【解答】　図 **A.13**，**A.14** のグレーの部分の面積を求める．

(1)　$S = \int_{-2}^{1}(x^2 + 1)\,dx = \left[\frac{1}{3}x^3 + x\right]_{-2}^{1} = 6$

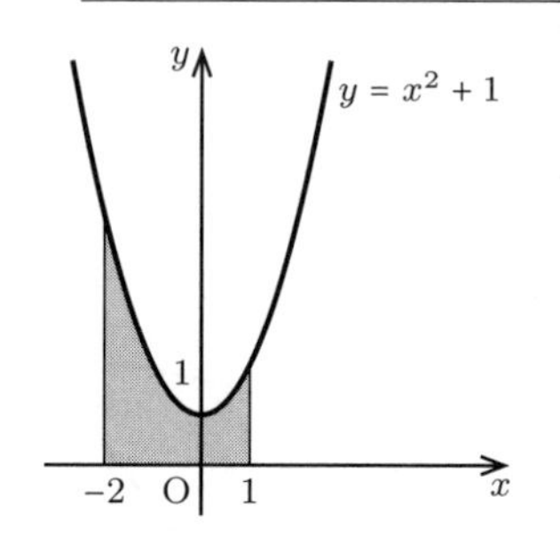

図 **A.13**　例題 A.5 (1)

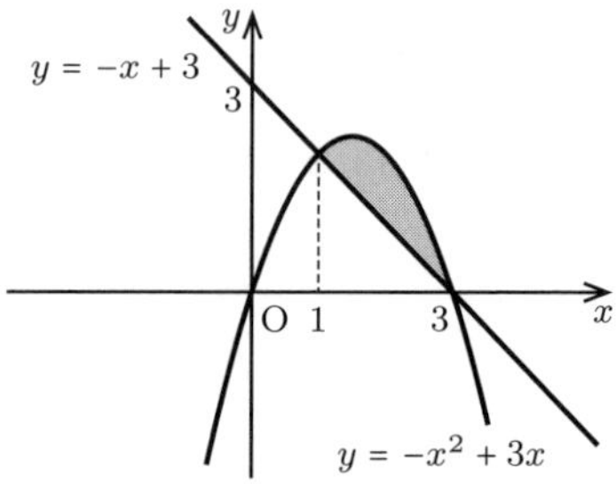

図 **A.14**　例題 A.5 (2)

(2)　放物線と直線の交点の x 座標は，$-x^2+3x=-x+3$ を解いて，$x=1, 3$
$1 \leqq x \leqq 3$ のとき，$-x^2+3x \geqq -x+3$ なので

$$S = \int_1^3 \{(-x^2+3x)-(-x+3)\}\,dx = \left[-\frac{1}{3}x^3+2x^2-3x\right]_1^3 = \frac{4}{3}$$

◇

A.3.4　偶関数・奇関数と定積分

一般に，関数 $f(x)$ において

$f(-x)=f(x)$ がすべての x で成り立つとき，$f(x)$ を**偶関数**

$f(-x)=-f(x)$ がすべての x で成り立つとき，$f(x)$ を**奇関数**

という．

$y=x^2$，$y=ax^4+bx^2+c$，$y=e^{-x^2}$，$y=\cos x$ は偶関数

$y=x$，$y=ax^3+bx$，$y=\sin x$，$y=\tan x$ は奇関数

である[†]．ただし，a，b，c は実数の定数とする．

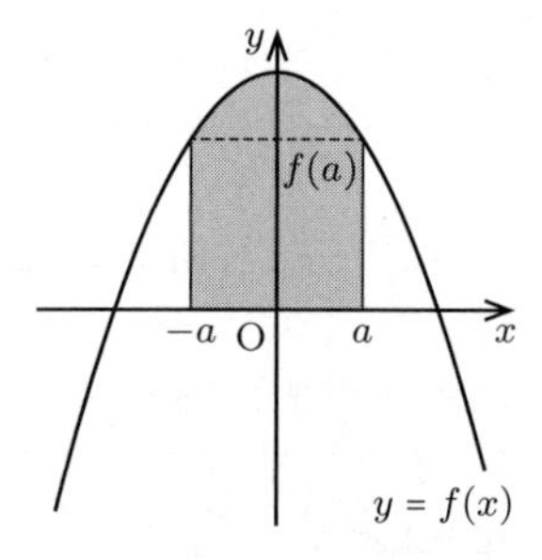

図 **A.15**　偶関数

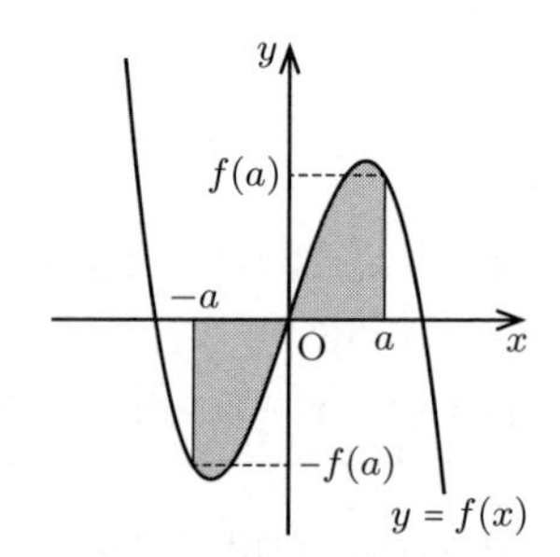

図 **A.16**　奇関数

† $\cos x$，$\sin x$，$\tan x$ などの三角関数について本書では扱っていないが，関数の例として挙げておく．

偶関数のグラフは y 軸に関して対称であり，奇関数のグラフは原点に関して対称である（図 **A.15**，**A.16** 参照）．

この対称性を利用すると，次の定積分の公式が成り立つ．

偶関数と奇関数の定積分

・$f(x)$ が偶関数のとき

$$\int_{-a}^{a} f(x)\,dx = 2\int_{0}^{a} f(x)\,dx$$

・$f(x)$ が奇関数のとき

$$\int_{-a}^{a} f(x)\,dx = 0$$

A.3.5　無限区間における積分

関数 $f(x)$ が無限区間 $[a,\infty)$ で連続であるとする．N を大きい正数として，$[a,N]$ における定積分を考え，$N\to\infty$ のときの極限値が存在するとき，それを $f(x)$ の $[a,\infty)$ における積分と定義する．すなわち

$$\int_{a}^{\infty} f(x)\,dx = \lim_{N\to\infty}\int_{a}^{N} f(x)\,dx$$

同様にして，$(-\infty,b]$ における積分も定義できる．

また，$f(x)$ が実数全体で定義された連続関数であるとき

$$\int_{-\infty}^{\infty} f(x)\,dx = \int_{-\infty}^{a} f(x)\,dx + \int_{a}^{\infty} f(x)\,dx$$

として，$(-\infty,\infty)$ における積分も同様に定義できる．

例題 A.6

$$\int_{0}^{\infty} 3e^{-3x}\,dx \qquad \text{を求めよ．}$$

【解答】

$$\int_{0}^{\infty} 3e^{-3x}\,dx = \lim_{N\to\infty}\int_{0}^{N} 3e^{-3x}\,dx = \lim_{N\to\infty}\left[-e^{-3x}\right]_{0}^{N} = \lim_{N\to\infty}(-e^{-3N}+1) = 1$$

◇

【注意】 例題 A.6 の計算を次のように書くことがある.

$$\int_0^\infty 3e^{-3x}\,dx = \Big[-e^{-3x}\Big]_0^\infty = 0 + 1 = 1$$

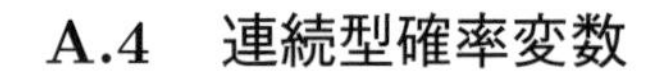

A.4　連続型確率変数

A.4.1　確率密度関数と分布関数

5 章では，離散的な値のみをとる確率変数（離散型確率変数）を扱ったが，ここでは，連続的な値をとる確率変数（**連続型確率変数**）について考える.

離散型確率変数 X の確率分布は確率関数 $p(x) = P(X = x)$ を用いて表した（5.3.2 項参照）.

確率変数 X が連続的な値をとる場合，任意の x について $p(x) = P(X = x) = 0$ となり，分布を表すには適さない．連続型確率変数の分布を記述するには，確率変数が 1 点の値をとる確率ではなく，確率変数のとる値が区間に含まれる確率 $P(a \leqq X \leqq b)$ を考えなければならない.

そこで，確率関数に対応するものとして，連続型確率変数の分布を表すために用いられるのが確率密度関数である.

X を連続的な値をとる確率変数とする．任意の実数 a，b （$a < b$）に対して

$$P(a \leqq X \leqq b) = \int_a^b f(x)\,dx$$

と表されるとき，$f(x)$ を X の **確率密度関数** あるいは単に **密度関数** という（図 **A.17** 参照）．$P(X = a)$，$P(X = b)$ はともに 0 であるため，$P(a \leqq X \leqq b)$，$P(a < X < b)$，$P(a < X \leqq b)$，$P(a \leqq X < b)$ はすべて等しい.

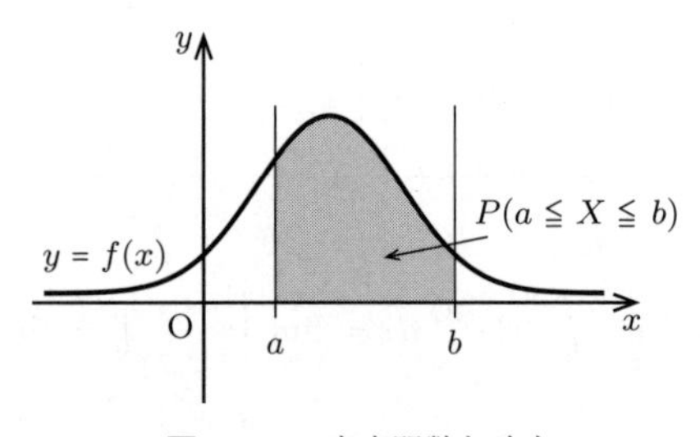

図 **A.17**　密度関数と確率

密度関数 $f(x)$ は次の 2 つの条件を満たす関数である．

(i) $f(x) \geqq 0$

(ii) $\int_{-\infty}^{\infty} f(x)dx = 1$

逆に，(i)，(ii) を満たす関数 $f(x)$ はある分布の密度関数である．

連続型確率変数の分布は，分布関数を用いて記述することもできる．ここで分布関数 $F(x)$ は

$$F(x) = P(X \leqq x)$$

で定義される（p.164，式 (5.5) 参照）．

したがって，連続型確率変数 X の密度関数を $f(x)$ とすると，分布関数 $F(x)$ は次のようになる．

$$F(x) = \int_{-\infty}^{x} f(t)\,dt \tag{A.3}$$

また，式 (A.3) の両辺を x で微分すれば，次の関係式が導かれる．

$$F'(x) = f(x)$$

例 A.8 確率変数 X は区間 $[a,b]$ 上に一様な密度をもつ連続型確率変数とする．この分布を**一様分布**といい，記号 $U(a,b)$ で表す（後述の A.5.3 項も参照のこと）．密度関数は

$$f(x) = \begin{cases} \dfrac{1}{b-a} & (a \leqq x \leqq b) \\ 0 & (\text{その他}) \end{cases}$$

である．

実際，すべての x に対して $f(x) \geqq 0$ であり

$$\int_{-\infty}^{\infty} f(x)\,dx = \int_{a}^{b} \frac{1}{b-a}\,dx = 1$$

となり，密度関数の条件を満たす．

確率変数 X が $[0,3]$ 上の一様分布 $U(0,3)$ に従うとき

$$P(1 \leqq X < 2) = \int_{1}^{2} \frac{1}{3}\,dx = \left[\frac{1}{3}x\right]_{1}^{2} = \frac{1}{3}$$

A.4.2 連続型確率変数の期待値と分散

連続型確率変数 X の期待値（平均）は，密度関数を用いて次のように定義される．

連続型確率変数の期待値

確率変数 X は連続的な値をとる確率変数で，密度関数 $f(x)$ をもつとする．このとき，X の期待値を

$$E(X) = \int_{-\infty}^{\infty} x f(x)\,dx$$

と定義する．

例 A.9　確率変数 X が $[0,3]$ 上の一様分布 $U(0,3)$ に従うとき

$$E(X) = \int_0^3 \frac{1}{3} x\,dx = \left[\frac{1}{6}x^2\right]_0^3 = \frac{3}{2}$$

連続型確率変数 X の密度関数を $f(x)$ とする．このとき，関数 $g(x)$ について

$$E[g(X)] = \int_{-\infty}^{\infty} g(x) f(x)\,dx$$

となる．例えば，$g(x) = x^2$ とすると

$$E(X^2) = \int_{-\infty}^{\infty} x^2 f(x)\,dx$$

となる．

確率変数 X の期待値を m とすると，分散 $V(X)$ は

$$V(X) = E[(X-m)^2] = E(X^2) - m^2$$

で定義される（p.171，5.4.2 項参照）．なお，5 章で述べた期待値，分散，共分散，相関係数の性質については，連続型確率変数の場合にも成り立つ．

連続型確率変数の分散

連続型確率変数 X の密度関数を $f(x)$，期待値を m とすると，分散 $V(X)$ は次のようになる．

$$V(X) = \int_{-\infty}^{\infty} (x-m)^2 f(x)\,dx = \int_{-\infty}^{\infty} x^2 f(x)\,dx - m^2$$

例 A.10　確率変数 X が $[0,3]$ 上の一様分布 $U(0,3)$ に従うときの $V(X)$ を考える．ここで，例 A.9 より $E[X] = \frac{3}{2}$ なので

$$V(X) = \int_0^3 \frac{1}{3}x^2\,dx - \left(\frac{3}{2}\right)^2 = \left[\frac{1}{9}x^3\right]_0^3 - \left(\frac{3}{2}\right)^2 = \frac{3}{4}$$

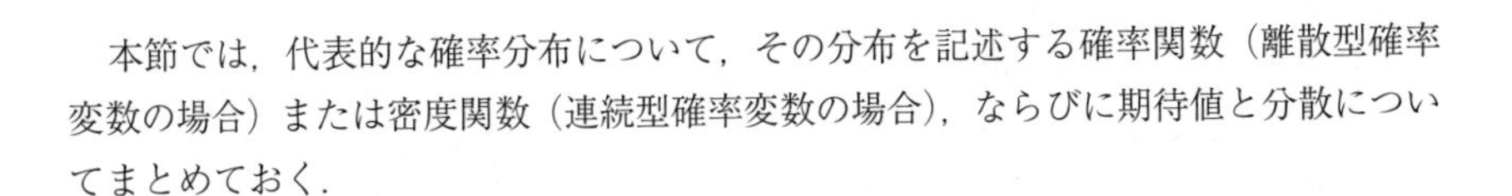

A.5 いろいろな分布

本節では，代表的な確率分布について，その分布を記述する確率関数（離散型確率変数の場合）または密度関数（連続型確率変数の場合），ならびに期待値と分散についてまとめておく．

A.5.1 二　項　分　布

成功する確率が p $(0 < p < 1)$ である試行を n 回独立に繰り返す（これを長さ n の**ベルヌーイ試行**という）とする．第 i 回目の試行で成功すれば 1，失敗すれば 0 の各値をとる確率変数を X_i とすると

$$E(X_i) = 1 \cdot p + 0 \cdot (1-p) = p$$
$$V(X_i) = E({X_i}^2) - p^2 = 1^2 \cdot p + 0^2 \cdot (1-p) - p^2 = p(1-p)$$

ここで

$$X = X_1 + X_2 + \cdots + X_n$$

とおくと，確率変数 X は n 回の試行において成功する回数を表す確率変数となる．このとき，X の従う分布を**二項分布**という．二項分布は，記号 $B(n, p)$ で表される．

- 確率関数：　$p(k) = P(X = k) = {}_n\mathrm{C}_k\, p^k (1-p)^{n-k}$　$(k = 0, 1, 2, \cdots, n)$
  ただし　${}_n\mathrm{C}_k = \dfrac{n!}{k!(n-k)!}$
- 期 待 値：　$E(X) = E(X_1 + X_2 + \cdots + X_n) = nE(X_1) = np$
- 分　　散：　$V(X) = V(X_1 + X_2 + \cdots + X_n) = nV(X_1) = np(1-p)$

A.5.2 ポアソン分布

まれにしか起こらない現象について大量のデータをとったときに，発生する現象の個数を表すのに**ポアソン分布**が用いられる．例えば，1 台の自動車が 1 日に交通事故を起こす確率は小さいのだが自動車の台数は非常に多いので，1 日の交通事故の件数はポアソン分布に従うと考えられる．ポアソン分布は，記号 $P_o(\lambda)$ $(\lambda > 0)$ で表される．確率変数 X が $P_o(\lambda)$ に従うとき

・確率関数：　$p(k) = P(X=k) = \dfrac{e^{-\lambda}\lambda^k}{k!}$　　$(k = 0, 1, 2, \cdots)$

・期 待 値：　$E(X) = \lambda$

・分　　散：　$V(X) = \lambda$

（ポアソン分布の期待値と分散の計算については複雑なので省略した.）

A.5.3　一 様 分 布

一様分布とは，区間 $[a,b]$ 上に一様な密度をもつ連続型確率変数の分布のことである．一様分布はこの区間の両端の点をパラメータにもち，$U(a,b)$ $(-\infty < a < b < \infty)$ で表される．なお，例 A.8，例 A.9，例 A.10 では，$U(0,3)$ を扱った．

・密度関数：　$f(x) = \begin{cases} \dfrac{1}{b-a} & (a \leqq x \leqq b) \\ 0 & (\text{その他}) \end{cases}$

（図 **A.18** 参照）

・期 待 値：　$E(X) = \displaystyle\int_{-\infty}^{\infty} xf(x)\,dx = \frac{1}{b-a}\int_a^b x\,dx = \frac{a+b}{2}$

・分　　散：　$V(X) = \displaystyle\int_{-\infty}^{\infty} x^2 f(x)dx - \{E(X)\}^2$

$$= \frac{1}{b-a}\int_a^b x^2 dx - \left(\frac{a+b}{2}\right)^2 = \frac{(b-a)^2}{12}$$

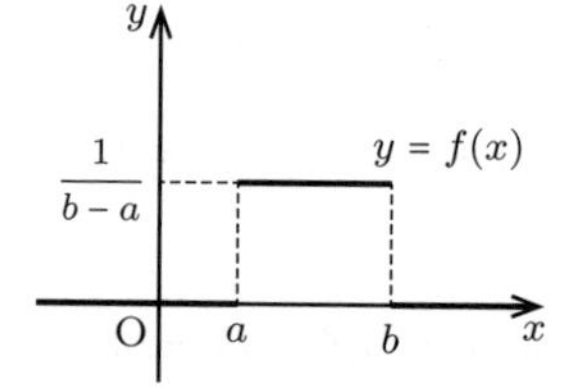

図 **A.18**　一様分布の密度関数

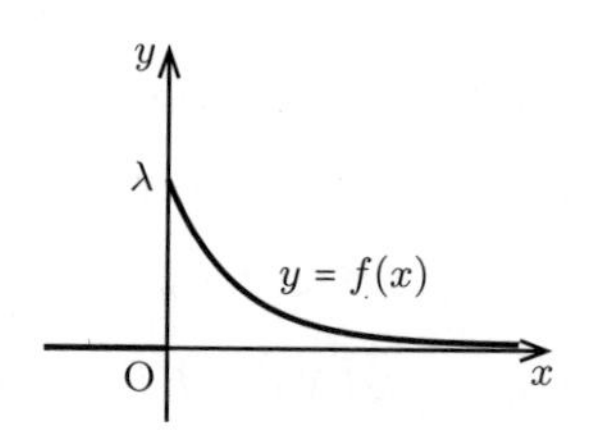

図 **A.19**　指数分布の密度関数

A.5.4　指 数 分 布

指数分布とは，銀行の窓口に客が到着する時間間隔や，機械が故障するまでの時間などを表すのに用いられる連続型確率変数の分布である．パラメータ λ $(\lambda > 0)$ を用いて $\mathrm{Exp}(\lambda)$ で表される．

・密度関数：　$f(x) = \begin{cases} \lambda e^{-\lambda x} & (x \geqq 0) \\ 0 & (x < 0) \end{cases}$

（図 **A.19** 参照）

・期 待 値： $E(X) = \int_0^\infty \lambda x e^{-\lambda x}\,dx = \left[-xe^{-\lambda x}\right]_0^\infty + \int_0^\infty e^{-\lambda x}\,dx = \dfrac{1}{\lambda}$

・分　　散： $V(X) = \int_0^\infty \lambda x^2 e^{-\lambda x}\,dx - \left(\dfrac{1}{\lambda}\right)^2$

$$= \left[-x^2 e^{-\lambda x}\right]_0^\infty + \int_0^\infty 2xe^{-\lambda x}dx - \frac{1}{\lambda^2} = \frac{1}{\lambda^2}$$

（期待値と分散を求める際に，部分積分法を用いた.）

A.5.5 正 規 分 布

正規分布は，統計等において最も多く扱われる分布であり，**ガウス分布**とも呼ばれる．正規分布はその期待値（平均）m と分散 σ^2 をパラメータにもち，$N(m, \sigma^2)$ で表される.

その中でも，さまざまな場面で用いられるのが**標準正規分布**である．標準正規分布は期待値 0，分散 1 となる正規分布で，$N(0, 1)$ で表される.

確率変数 Z が標準正規分布に従うときを考える．一般の正規分布の密度関数と区別するために，標準正規分布の密度関数を $g(x)$ で表す.

・密度関数： $g(x) = \dfrac{1}{\sqrt{2\pi}} e^{-x^2/2}$

・期 待 値： $E[Z] = \int_{-\infty}^\infty \dfrac{1}{\sqrt{2\pi}} x e^{-x^2/2}\,dx = 0$

・分　　散： $V(Z) = \int_{-\infty}^\infty \dfrac{1}{\sqrt{2\pi}} x^2 e^{-x^2/2}\,dx$

$$= \frac{2}{\sqrt{2\pi}}\left[-xe^{-x^2/2}\right]_0^\infty + 2\int_0^\infty \frac{1}{\sqrt{2\pi}} e^{-x^2/2}\,dx = 1$$

（期待値は，被積分関数が奇関数であることから導かれる.
分散を求める際に，被積分関数が偶関数であること，
ならびに部分積分法を用いた.）

次に，一般の正規分布 $N(m, \sigma^2)$ を考える．ここで，m は実数，σ^2 は正数とする．確率変数 X が $N(m, \sigma^2)$ に従うとき

・密度関数： $f(x) = \dfrac{1}{\sqrt{2\pi}\sigma} e^{-(x-m)^2/2\sigma^2}$

・期 待 値： $E[X] = m$

・分　　散： $V(X) = \sigma^2$

となる.

確率変数 X が正規分布 $N(m, \sigma^2)$ に従うとき，標準化した確率変数 Z を考える（p.175 参照）．すなわち

$$Z = \frac{X - m}{\sigma} \tag{A.4}$$

このとき，Z は標準正規分布 $N(0, 1)$ に従う．

式 (A.4) より，$X = \sigma Z + m$ であるから

$$P(a \leqq Z \leqq b) = P(m + a\sigma \leqq X \leqq m + b\sigma)$$

となることがわかる．確率変数 Z が標準正規分布 $N(0, 1)$ に従うとき，確率 $P(a \leqq Z \leqq b)$ については，正規分布表†を用いて求めることができる．代表的な値については以下のとおりである（**図 A.20** 参照）．

$$P(m - \sigma \leqq X \leqq m + \sigma) = P(-1 \leqq Z \leqq 1) = 2 \times P(0 \leqq Z \leqq 1) = 0.6826$$

$$P(m - 2\sigma \leqq X \leqq m + 2\sigma) = P(-2 \leqq Z \leqq 2) = 2 \times P(0 \leqq Z \leqq 2) = 0.9544$$

$$P(m - 3\sigma \leqq X \leqq m + 3\sigma) = P(-3 \leqq Z \leqq 3) = 2 \times P(0 \leqq Z \leqq 3) = 0.9973$$

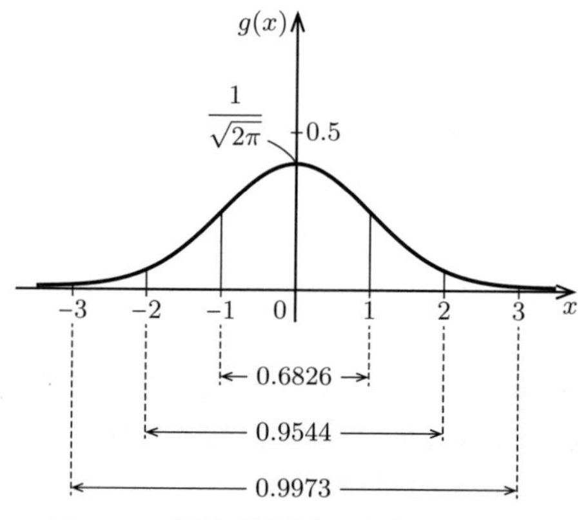

図 A.20　標準正規分布の密度関数と確率

† 正規分布表はコロナ社書籍ページ（https://www.coronasha.co.jp/np/isbn/9784339061284/）を参照．

索　　引

—— 著 者 略 歴 ——

現職：中央大学経済学部教授．お茶の水女子大学理学部数学科卒業，お茶の水女子大学大学院理学研究科修了．日本銀行，お茶の水女子大学助手，東京海洋大学准教授などを経て現在に至る．博士（理学）．

経済学部生のための数学 — 高校数学から偏微分まで —

2023 年 10 月 30 日　初版第 1 刷発行　★

検印省略

著　者　小杉（こすぎ）のぶ子（こ）
発 行 者　株式会社　コロナ社
代 表 者　牛来真也
印 刷 所　三美印刷株式会社
製 本 所　有限会社　愛千製本所

112–0011　東京都文京区千石 4–46–10
発 行 所　株式会社　コロナ社
CORONA PUBLISHING CO., LTD.
Tokyo Japan
振替 00140–8–14844・電話(03)3941–3131(代)
ホームページ https://www.coronasha.co.jp

ISBN 978–4–339–06128–4　C3041　Printed in Japan　（西村）